智慧熊
SMART BEAR

阅读强 | 少年强 | 中国强

U0317332

专家审定委员会

贾天仓　　河南省语文教研员

许文婕　　甘肃省语文教研员

张伟忠　　山东省语文教研员

李子燕　　山西省语文教研员

蒋红森　　湖北省语文教研员

段承校　　江苏省语文教研员

张豪林　　河北省语文教研员

刘颖异　　黑龙江省语文教研员

何立新　　四川省语文教研员

安　奇　　宁夏回族自治区语文教研员

卓巧文　　福建省语文教研员

冯善亮　　广东省语文教研员

宋胜杰　　吉林省语文教研员

董明实　　新疆维吾尔自治区语文教研员

易海华　　湖南省语文教研员

潘建敏　　广西壮族自治区语文教研员

王彤彦　　北京市语文教研员

张　妍　　天津市语文教研员

贾　玲　　陕西省西安市语文教研员

励志版丛书的六个关键词

温儒敏老师曾指出："少读书、不读书就是当下'语文病'的主要症状，同时又是语文教学效果始终低下的病根。"基于这一现状，励志版丛书在激发中小学生读书兴趣、培养其良好的阅读习惯的同时，旨在通过对经典名著的价值解读，培养学生一生受用的品质。

第一个关键词：权威版本——阅读专家主编、审定的口碑版本
励志版丛书由朱永新老师主编，另有十余个省市自治区的教研员组成的专家审定委员会，对该丛书进行整体审定。采用口碑版本，权威作者、译者、编者，确保每一本书的经典性和耐读性。

第二个关键词：兴趣培养——激发阅读兴趣的无障碍阅读
励志版丛书根据权威工具书对书中较难理解的字词、典故及其他知识进行了无障碍注解。此外，全品系的精美插图，配以言简意赅的文字，达到"图说名著"的生动效果，使学生由此爱上阅读。

第三个关键词：高效阅读——名师指导如何阅读经典
励志版丛书的每一本名著都由一位名师进行专门解读，同时就"这本书""这类书"该怎么读提供具体的阅读策略和方法指导。让读书有章可循，有"法"可依。让学生通过精读、略读、猜读、跳读等多种阅读方法，快速完成优质高效的阅读，会读书、读透书。

第四个关键词：阅读监测——国际先进的阅读理念
读一本书的过程就是让这本书与自己的生命发生关系的过程。当我们开始阅读一本书时，就是与这本书、与自己，达成某种隐形的"契约"。为此，我们在书里特别设计了阅读监测栏目，让学生实现自我鞭策和监督。

第五个关键词：价值阅读——品格涵养价值人生
通过有价值的阅读培养学生诚信、坚忍、专注、勇敢、担当、善良等一生受用的品质，契合教育部最新倡导的"读书养性"的理念。

第六个关键词：经典书目——涵盖适合学生阅读的三大书系
涵盖适合学生阅读的三大书系——新课标、部编教材、中小学生阅读指导书目，充分体现了"每一本名著都是最好的教科书"的理念。

简言之，我们殚精竭虑，注重每一个细节。因为，一个人物，拥有一段经历；一段故事，反映一个道理；一本好书，可以励志一生。让名著发挥它人生成长导师的基本功能吧！

励志版丛书编委会

中小学生
阅读指导丛书
彩插励志版

朱永新◎总主编 闻 钟◎总策划

森林报·夏

〔苏联〕维·比安基◎著 沈念驹 姚锦镕◎译

商务印书馆
The Commercial Press
创于1897

图书在版编目（CIP）数据

森林报. 夏 /（苏）维·比安基著；沈念驹，姚锦
镕译. —北京：商务印书馆，2021（2021.4 重印）
（中小学生阅读指导丛书：彩插励志版）
ISBN 978-7-100-19348-1

Ⅰ.①森…　Ⅱ.①维…　②沈…　③姚…　Ⅲ.①森林—
青少年读物　Ⅳ.① S7-49

中国版本图书馆 CIP 数据核字（2021）第 005977 号

权利保留，侵权必究。

森林报·夏

〔苏联〕维·比安基　著　沈念驹　姚锦镕　译

插图绘制：杨　璐

商 务 印 书 馆 出 版
（北京王府井大街 36 号　邮政编码 100710）
商 务 印 书 馆 发 行
三河市兴达印务有限公司印刷
ISBN 978-7-100-19348-1

2021 年 1 月第 1 版　　开本 710×1000　1/16
2021 年 4 月第 2 次印刷　　印张 12.5　彩插 16
定价：21.80 元

为青少年创造有价值的阅读

（代总序）

　　读过经典和没有读过经典的青少年，其人生是不一样的。朱永新先生曾言："一个人的精神发育史就是他的阅读史。"那么，什么样的书才是经典？正如卡尔维诺所言："经典是那些你经常听人家说'我正在重读……'而不是'我正在读……'的书。"

　　阅读的重要性，毋庸赘言。而学会阅读，则是青少年成长所需的重要能力。那么，如何学会阅读？如何阅读经典？什么才是有价值的阅读？

　　"多读书，好读书，读好书，读整本的书"，这一理念已经得到众多老师和家长的认可。阅读的方法有很多种，除了精读，还有略读、跳读、猜读、群读等，这些方法都是有用的，本套丛书也给出了具体方法。我想强调的是，为青少年创造有价值的阅读，才是本套丛书的核心要点。我们一直力图在青少年"如何读名著"上取得突破，让学生在阅读中有更多的获得感。

　　我们主要从以下五个方面发力：

　　一、精选书单：涵盖适合学生阅读的书目

　　为了让学生读好书、读优质的书，我们精选书单，历年中小学语文教材推荐书目和《教育部基础教育课程教材发展中心　中小学生阅读指导目录》，都是本套丛书甄选的范畴。

　　二、强调原典：给学生提供最好的阅读版本

　　原典，即初始的经典版本。为了给学生寻找最好的版本，呈现原汁原味的文学经典，本套丛书的编辑们，以臻于至善的工匠精神，在众多的版本中进行对比甄选、版权联络，如国外经典名著译本均为著名翻译家所译，为青少年的阅读提供品质保障。

三、关注成长：注重培养学生的优秀品格

通过阅读培养青少年的品格，是本套丛书的核心理念。每一本书的主题及重要情节，都旨在培养学生的品格与素养，如诚信、坚忍、专注、勇敢、博爱、担当、善良等。为此，我们在每本书中设置了"如何进行价值阅读"等栏目，目的便是使学生形成受益一生的品质、品格。

四、注重方法：让阅读真正能够深入浅出

经典难读、难懂，学生难以形成持续阅读的习惯，针对这一现象，编辑们对本套丛书的体例进行了研发与创新。他们根据每本书的特点，从阅读指导、体例设计、栏目编写等方面，有针对性地将精读与略读相结合，对不同体裁的作品，推荐不同的阅读方法，让阅读真正能够深入浅出，让学生在阅读中有获得感，体会到读书的乐趣，最终养成持续阅读的习惯。

五、智慧读书：融合国际先进的阅读理念

为什么以色列的孩子和美国学生的创新能力都比较突出？这与他们先进的阅读理念是密切相关的。为此，我们引入了"科学素养阅读体系"。在阅读前，设置"阅读耐力记录表"；在阅读后，设置"阅读思考记录表"。这样能够实时记录阅读进度和成果，从而帮助学生养成总结、记录、思考的良好阅读习惯。

21世纪最重要的能力之一是学会阅读。让学生学有所成，一个重要的前提就是让阅读成为习惯。当你的孩子学会了阅读、爱上了阅读，他便学会了如何与这个世界相处，他将获得源源不竭的成长动力，终身受益。

以阅读关注青少年的成长，是我们始终不变的初衷；让"开卷"真正"有益"，是我们始终探寻的方向；为青少年创造有价值的阅读，是我们的终极梦想。想必这也是学生、家长和老师一直喜爱我们的书的原因吧！

2020 年 6 月

于北京北郊莽苍苍斋

名师导读

　　四季的更替，让大自然充满了无尽的奥秘。不同于春天带给我们新生的感觉，夏天带给我们的是炙热与活力。现在我们所乘坐的四季列车已经到达夏日站，让我们走进夏日森林，走进《森林报·夏》，一起近距离地感受夏季的风采。

　　步入夏季的第一个月，扑面而来的是金灿灿的阳光，它的照耀让大地充满生机。这时，花儿在积蓄阳光的能量努力生长着，鸟兽鱼虫等都忙碌地投入到"安家"的工作中去，农庄里的人们在和破坏庄稼的害虫斗智斗勇。渐渐地，夏二月到了，阳光变得炙热起来，花儿也开始绽放，争奇斗艳。雏鸟与其他动物的幼崽出世了，森林里变得热闹非凡。农庄里的人们呢，开始忙着为即将到来的丰收做准备。当夏季的列车缓缓驶入最后一个月时，阳光不再耀眼，它开始变得虚弱无力。不过，这并不代表一切都向着坏方向走去。因为农庄里的蔬菜和水果等开始成熟，使得人们脸上洋溢着幸福的笑容。猎人们的心情也有些激动，因为经过夏季前两个月的生长，猎物们一定非常肥美……

　　除此之外，森林里还发生了一些有趣的事情，比如：狡猾的狐狸把獾撵出了家门，霸占了獾的房子；麻雀为防止别人骚扰它，聪明地将家安到了雕巢附近；勇敢的刺鱼与比自己大很多的鲈鱼进行英勇的斗争……还有令人瞠目结舌的事情：一只山羊失踪了三天，等它回来，护林员发现它自己竟然吃光了一片森林；蜘蛛不仅会飞，还被称为"夏天的老奶奶"。当然也少不了令我们生气的故事：小杜鹃被善良的鹡鸰夫妇养大，它不知感激还贪得无厌地想要霸占鹡鸰夫妇全部的关爱，于是它害死了鹡鸰的幼雏；还有雄苍头燕雀，做窝的时候一直在偷懒，让它怀孕的妻子忙上忙下……

这些有笑有泪的故事构成了《森林报·夏》，我们在阅读故事、感受哲理的同时也应了解到本书是一本儿童科普读物，它在故事内容与时间线上承接了《森林报·春》。从6月21日开始至9月20日结束，共分为三个月，按月份划分为三大章（筑巢月、育雏月与成群月）。作者维·比安基不单赠予我们一出热闹的森林情景剧，更是通过生动的故事和写实的笔法向我们传授科学知识，引导我们探索大自然无限的奥秘，让我们更加亲近自然，热爱自然，从而使我们感受自然的美好，进而或并体会人与自然和谐相处的生活。

现在，我们对《森林报·夏》有了大致的了解，想必你已经迫不及待地想要进入夏天的世界了。不要着急，为了更好地了解本书，我们需要制订详细的阅读计划。

根据本书的内容编排和难易程度，建议用10天的时间，完成整本书的阅读及相关活动，具体的阅读规划可以参照下表：

阅读阶段	阅读内容	阅读规划
第一阶段 （3天）	筑巢月 （夏一月）	1.重点阅读《动物住房面面观》一节 2.仔细观察各种动物住宅的特点
第二阶段 （3天）	育雏月 （夏二月）	1.重点阅读《森林里的小宝宝》一节 2.着重记录小动物的特性
第三阶段 （3天）	成群月 （夏三月）	1.重点阅读《森林里的新习俗》一节 2.与夏二月中刚出生的小动物做对比，看看长大后的小动物有什么变化
第四阶段 （1天）	选取感兴趣的片段进行反复阅读	将三个月的故事串联起来做总结 （1）读完《林间战事》，总结一下各树木的特点 （2）总结在《哥伦布俱乐部》中所看到的奇特景象

维·比安基在书中对动植物以人的视角进行拟人化描写，为我们呈现了一部极为生动的森林情景剧。文章笔调幽默轻松，充满了童真童趣。在阅读中，我们可以对自己感兴趣的段落或动植物的变化随手标记，也可以仿照书中的批注对其进行评析，写在书中空白的地方。

　　在阅读时也要注意结合"成长启示"和"要点思考"中的内容判断自己对故事情节的理解，如果有不同的感受，可以记录下来分享给身边的小伙伴或家长。本书的《林间战事》与《哥伦布俱乐部》是与《森林报·春》《森林报·秋》《森林报·冬》相串联的连载故事，可单独阅读。

　　我们也可以选取几个动物（植物或景色），对它们进行观察，对比从春天苏醒到夏天结尾它们有什么变化，可以自行创作不同的展现形式，示例如下：

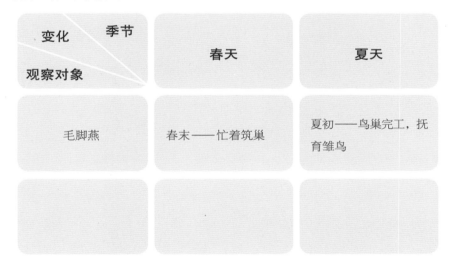

变化　　　季节　　　观察对象	春天	夏天
毛脚燕	春末——忙着筑巢	夏初——鸟巢完工，抚育雏鸟

　　每次阅读后，请将所用阅读时长标记在"阅读耐力记录表"上，等读完全书可以很直观地看到自己的阅读情况，从而对自己的阅读效率有一个把握。请大家行动起来，让我们去看一看热闹活泼的夏之森林吧！

阅读耐力记录表

请诚实记录你的每日阅读时长，养成阅读好习惯

本书阅读统计

开始时间：＿＿年＿月＿日

结束时间：＿＿年＿月＿日

最喜欢的月份：

最喜欢的动物：

最难忘的故事：

表格说明	该表格横轴是日期，竖轴是每天不间断的阅读时间，不可以一会儿读书一会儿去做其他事情。记录的时候每天在相应的格子里画个圈。读完本书之后，就可以把所有的圈连起来，形成一条曲线，仔细观察这条曲线，看看自己的阅读耐力是否有所增强。

	第1天	第2天	第3天	第4天	第5天	第6天	第7天	第8天	第9天	第10天
60分钟										
55分钟										
50分钟										
45分钟										
40分钟										
35分钟										
30分钟										
25分钟										
20分钟										
15分钟										
10分钟										
5分钟										

　　狐狸赶忙溜进了獾的洞穴，满地拉屎，搞得满屋臭气冲天，然后跑掉了。獾回家一看，老天爷，这是怎么了！它懊恼地哼了一声，丢下这个洞，再找地方挖新居去了。这正中了狐狸的下怀。于是狐狸拖儿带女搬进了獾那舒舒服服的家。

　　想不到这时候刺猬转过身，迈着小步快速地朝蝰蛇迎了过去。蝰蛇挺起上半身，向刺猬扑去，像鞭子一样抽打对方。但刺猬机灵地用身上的刺抵挡着。蝰蛇害怕得嗤嗤叫起来，企图转身逃走。刺猬紧追不放，用牙齿咬住蛇头后方的部位，两只爪子扑打着蛇背。玛莎回过神来，站起身，赶忙逃回家去了。

　　两只熊崽回到岸上，觉得这个澡洗得非常舒心，因为今儿的天气十分闷热，穿着一身毛茸茸的皮大衣挺难受的。洗了澡，凉快多了。

　　最可笑的是，猫教会它收养的兔子如何跟狗打架。只要狗一跑进我们家的院子，猫就扑过去，怒气冲冲地用爪子抓它。兔子也跟在后面跑过来，用前爪擂鼓似的敲它，打得狗毛一簇簇满天飞。

　　正当"我"沿着窄窄的湖湾走时，突然从草丛中蹿出几只野鸭，其中就有这只白鸭子。"我"端起家伙就是一枪。不料一只灰鸭子过来挡在白鸭子的前面，灰鸭子中弹倒了下去，白鸭子跟着其他几只鸭子逃走了。

　　吉姆已经游过去，把猎物衔到岸上来了。它顾不上抖落身上的水，把嘴里紧紧衔着的野鸭交到了"我"的手上。"谢谢，老伙计，谢谢，亲爱的！""我"弯下身抚摸它。可它径自在抖落身上的水，溅得"我"一脸的水星子。

如何进行价值阅读

——《森林报·夏》一书以《哥伦布俱乐部：第五月》为例进行解读

故事简介

"哥伦布俱乐部"是本书的附加故事，记录了由十个孩子组成的小分队——"少年哥伦布"在森林中进行的一系列探险故事。三个小伙伴（米、西、科尔克）彻夜未归。清晨，少年哥伦布们除留下一个队员看守外，其他人都去寻找。在寻找的过程中，沃夫克掉进了一个深坑，这时他发现失踪的三名队员也在深坑里。他们一起高声呼救，其他队员循声找到他们，将他们救了出去。回去后，科尔克向大家讲述了他们前一天晚上如何掉进深坑以及在深坑中的经历。

价值解读

1. 关于冷静

米、西与科尔克在天色渐暗时掉进了一个深坑，坑中伸手不见五指。科尔克擦亮火柴后，冷静地分析四周情况，发现凭他们自己的能力爬出坑的难度很大。在坑中，他们还遇到一双可怕的"眼睛"，它闪烁着凶险的邪光，忽明忽暗，"监视"着他们的一举一动。最后科尔克想出用叫喊声赶跑这双"眼睛"的办法。

科尔克没有慌乱，冷静地分析洞中的情况。即使碰到"眼睛"也保持镇定，想出办法吓跑了"眼睛"。这件事告诉我们，遇事一定要沉着冷静，千万不可自乱阵脚，要积极思考解决办法。设想一下，如果科尔克和另外两位伙伴一样慌乱，不经思考莽撞做事，后果会是怎样呢？

2.关于合作

三位队员的彻夜未归使少年哥伦布们非常担心，经过商量，他们决定：雷留在家里照顾幼鸟和小獾，帕甫负责引路，其他几位队员去森林里寻找，并约定用哨声进行联络，以免迷路。在找到三位队员后，大家发现米的腿受伤了。队员们为米做了个担架，由大力士安德和沃夫克把她抬回了家。

若不团结合作，任何力量都是弱小的。在我们学习和生活中也是一样。在学习上，团结合作可以帮助我们战胜难题；在生活中，团结合作能使我们交到朋友，感到快乐；在竞技场上，团结合作可以为团队赢得荣誉……所以成长的过程中我们要学会团结合作。

3.关于探索

少年哥伦布们对世界充满了好奇，喜欢解开新鲜事物的谜团。他们对鸟类进行了仔细的研究，观察鸟儿身上的每个部位，就连大小、重量都一一记录在案。他们进行的"野鸡"抚育"家鸡"的实验也有了结果：家鸡也是可以变成野鸡的。

著名生物学家童第周曾经说过，"科学世界是无穷的领域，人们应当勇敢去探索"。知识像宇宙一样广阔无疆，我们要不断地探索才能学到更多，才能了解更多，才能发现前人所没有发现的。就像少年哥伦布们一样，正是他们的探索精神，才让他们有了奇妙的经历，见到了别人见不到的风景。

目录

目录

目录

目录

筑巢月

（夏一月）

6 月 21 日至 7 月 20 日　　太阳进入巨蟹座

一年——分 12 个月谱写的太阳诗章

6月，蔷薇色的6月。候鸟回家，夏天开始。一年中这个季节的白昼最长，在遥远的北方，太阳始终不下山，完全没有了黑夜。潮湿的草地上，花儿更富有阳光的色彩。金梅草、驴蹄草、毛茛（gèn）的花儿金灿灿的，染得草地金黄一片。

这个季节，在阳光灿烂的时刻，人们纷纷外出采集有药用价值的花、茎、根，以备患病时能把这些药用植物内贮藏的阳光的生命力转移到自己身上。

6月21日，夏至日，一年中白昼最长的一天就这样过去了。

从此，白天慢慢地，慢慢地——可又让人觉得那么快地，像春光一样，慢慢地变短。俗话说得好："夏天从篱笆缝里探出头来……"

各种鸣禽都有了自己的窝，窝里是五颜六色的蛋。娇嫩的小生命破壳而出，在探头探脑地打量这个世界哩。

夏天的森林里，小动物都在忙着筑巢，处处是生机勃勃的景象。角角落落没有一丝空闲的地方。有的小动物把家安在了很舒适的地方，有的小动物自己不会筑巢或想偷懒，就寄居在别人的家里，还有一群小家伙住在动物世界的"集体宿舍"，热闹着呢！

动物住房面面观

已是孵育雏（chú）鸟的时候了，森林里的鸟儿都在筑巢造窝。

我们的记者决定去看个究竟，看飞禽走兽、鱼类昆虫都居住在什么地方，生活得怎么样。

精致的家

你看，这时候的森林上上下下，角角落落，全是窝，再也找不到空闲的地方了。有住地上的，有待地下的，有选水面的，有在水底的，有栖树上的，有藏树内的，有居草丛的，也有生活在空中的。

家在空中的是黄莺。它用亚麻、草茎、羽毛和绒毛编成个轻盈的小篮子，挂在高高的白桦枝条上。小篮子内放着自己下的蛋。真是件怪事儿：风吹来时，树枝摇摇晃晃，黄莺蛋怎么不会破呢？

云雀、林鹨（liù）、黄鹀（wú）和其他许许多多的鸟儿在草丛内安家。我们的记者最喜欢的是柳莺造的小窝棚。小窝棚用干草和苔藓（xiǎn）打造，上有盖儿，出入的门安在侧面。

在树内，也就是树洞内安家的有飞鼠〔一种长蹼（pǔ）的松鼠〕、甲虫、木蠹（dù）虫、小蠹虫、啄木鸟、山雀、椋（liáng）鸟、猫头鹰等。

鼹（yǎn）鼠、老鼠、獾（huān）、灰沙燕、翠鸟和许多昆虫的家都安在地下。

凤头䴙䴘（pìtī）——一种潜鸟类的水鸟——爱在水上做漂流的窝。这种窝由沼泽地的野草、芦苇和水藻构成。凤头䴙䴘趴在窝上，像乘着木筏，随湖水漂流。

在水下安家的有石蛾和水蜘蛛。

哪一种动物的住宅最好

动物世界的住宅多种多样，哪一种动物的住宅是最好的呢？

我们的记者决定寻找动物住宅中最好的那个。但判断起来并不容易。

鸟儿的住宅中最大的数鹰巢。鹰巢由粗树枝筑就，造在高大粗壮的松树上。最小的是黄头戴菊鸟的窝。整个窝不过拳头大小，而鸟儿本身的个头儿还不如一只蜻蜓。

鼹鼠窝造得最有心计。窝里有许许多多备用通道和进出口，谁也没法在它的窝里逮住它。

长鼻子的小甲虫——象鼻虫的窝最精巧。象鼻虫先啃下白桦树叶的叶脉，等树叶枯萎卷成筒状，再用唾液将叶子粘住。象鼻虫就在这种筒状的小房子里产下自己的卵。

最简单的窝是剑鸻（héng）和夜莺的窝。剑鸻干脆把自己的四个蛋产在河岸的沙里，夜莺的蛋就产在树干下的树叶堆成的坑里。这两种鸟是不会在筑巢上多下功夫的。

最美丽的窝是柳莺的窝。柳莺把窝编织在树枝上，并用地衣和轻薄的桦树皮来装饰，此外还不忘把从别墅花园里捡来的五颜六色的花纸片编织进去，美化一番。

长尾山雀的巢最舒适。这种鸟又叫汤勺鸟，因为它很像舀汤的大勺子。汤勺鸟的巢内部用羽毛、绒毛和兽毛编成，外部则是用苔藓和地衣粘牢。这种巢通体圆圆的，像只小南瓜，入口在巢的正中央，也是圆圆的、小小的。

最方便的窝是水蛾幼虫的窝。水蛾是一种有翅膀的昆虫。它落下来以后收拢翅膀，盖在背上，把整个身子都盖了起来。可水蛾的幼虫并没有翅膀，光着身子，无遮无盖。水蛾生活在小溪、小河的底部。幼虫找到火柴大小的干树枝或芦苇的茎，便用小沙粒在上面粘成一个小圆筒，身子倒着爬进去。这下可方便了。愿意的话，水蛾幼虫完全可以躲进圆筒，安安稳稳睡大觉，谁也发现不了；想出来时，前面的小腿儿一伸，连同小房子一起在水底爬，反正小房子轻得很。一只水蛾的幼虫找到了一个丢弃在水底的香烟嘴儿，爬了进去，做了一番旅游。

水蜘蛛的窝令人叹为观止。水蜘蛛把蛛网结在水草之间，并用自己毛茸茸的肚皮带来一些气泡，放在蛛网下，自己就住在这样的气泡里。

> 不管是昆虫还是小动物，都能凭借智慧和勤劳建造出属于自己的独一无二的窝。

还有哪种动物有窝

我们的记者还找到了一些鱼类和鼠类的窝。

刺鱼造的是名副其实的窝。做窝的担子完全落在雄鱼身上。雄鱼只用分量特别重的草茎做窝，因为这种草茎即使放在水面上也不会漂浮。雄鱼把草茎固定在水底的沙上，再用自己的唾液将草茎黏结成四壁和天花板，然后用苔藓堵塞墙上所有的孔隙。

刺鱼窝的壁上开着两扇门。

有种小老鼠做的窝跟鸟窝很像。这种窝是用小草和撕成细丝状的草茎编织成的。鼠窝就挂在刺柏的树枝上，离地两米高。

什么动物用什么材料给自己做窝

森林里动物的窝用什么材料做的都有。

善歌的鸫（dōng）鸟把朽木的粉末当作混凝土用来涂抹自己圆窝的内壁。

家燕和毛脚燕的窝是用自己的唾液黏结泥土做成的。

黑头莺的窝是用轻而黏的蛛丝牢牢黏结细树枝而做起来的。

有一种叫䴓（shī）的鸟，能在直立的树干上头朝下奔跑，它们住在入口很大的树洞里。为防止松鼠钻进自己的家，䴓鸟用泥土把入口堵死，只留很小的一个口子，容自己挤进去。

最好玩儿的要数毛色翠绿、咖啡和湖蓝三色相间的翠鸟的窝。翠鸟在河岸上挖了一个深深的洞，洞内的地面铺上细鱼骨。这种垫子还挺软哩。

寄居别家

有的动物自己不会或懒得做窝，就寄居别人家。

布谷鸟把卵产在鹡鸰（jílíng）、红胸鸲（qú）、莺或其他善于持家的小鸟窝里。

林中白腰草鹬（yù）找到旧的乌鸦巢，在里面产下自己的卵。

一种叫鮈（jū）鱼的小鱼爱找岸边水下被房主废弃的蟹洞，然后就在里面产卵。

麻雀做窝的手段非常狡猾。它先是把窝做在房檐下，可是被小孩子扒了。那就做在树洞里吧，蛋又被伶鼬（最小的鼬类之一，主要以小型啮齿类为食，在野外数量稀少。鼬，yòu）偷走了。那只好把自己的窝跟雕的巢做在一起。雕的巢是粗树枝搭成的，麻雀在这些树枝间做个窝不怕找不到地方。现在麻雀可是自由自在、无忧无虑了。像雕这样的庞然大物怎么会把小小的麻雀放在眼里？从此不管是伶鼬、猫，还是鹞（yào）鹰，甚至孩子都不会来动它的窝了。可不是吗，谁都怕雕三分。

> 麻雀在几次失败的做窝经历后，转换思维将窝选在了人人惧怕的雕的巢附近，颇有"狐假虎威"之势。

集体宿舍

森林里也有集体宿舍。

蜜蜂、黄蜂、熊蜂和蚂蚁筑的巢就容纳了成百上千的房客。

花园和小林子被白嘴鸦占据，成了它们的领地；鸥鸟的领地是沼泽、有沙滩的岛屿和浅滩；灰沙燕则在陡峭的河岸上凿出密密麻麻的小洞栖身。

> 住在集体宿舍的动物们都是体形较小的群居动物，你知道它们为什么要住在一起吗？快去查查资料吧！

形形色色的鸟蛋

窝里有蛋，可不同鸟的蛋各不相同。

要说怎么个不同，情况可就复杂了。

田鹬的蛋壳上满是斑斑麻点，而歪脖鸟的蛋壳是白中稍带点儿绯（fēi）红色。

歪脖鸟将蛋产在很深的暗洞里，谁也看不见。田鹬将蛋直接产在小草墩（dūn）里，完全是外露的，要是白色的，那就很容易被人发现，所以就变成接

> 鸟的种类不同，鸟蛋自然也就不同，多样的鸟类构成了鸟类世界。

近草墩的颜色。但这样，你可能还没发现，就一脚踩上去了。

野鸭的蛋差不多也是白的，它们的巢也筑在草墩里，同样是无遮无掩的。不过野鸭耍了点儿小花招——当它准备离巢的时候，会拔下自身腹部的羽毛，把蛋盖起来，这样蛋就不会暴露了。

为什么田鹬会产下一头尖尖的蛋，可像鹫（jiù）这样的个儿又大又凶猛的鸟产下的蛋却是圆圆的呢。

这也很好理解，田鹬小小的个头儿，只有鹫的五分之一。要是这些蛋不尖头对尖头，尖头向上，紧紧挨在一起，那占的地方就大，田鹬小小的身子怎么遮掩得了这么多蛋呢？

那为什么小小田鹬的蛋和个头儿大的鹫的蛋差不多大呢？

这个问题只能在下一期的《森林报》上回答了，那时候小田鹬该啄破蛋壳出生了。

森林里总是会发生各种各样的故事。你看狡猾的狐狸占领了獾的洞穴，花儿传粉的方式像变戏法一样有趣，小小刺鱼勇敢地和体形庞大的鲈鱼做斗争，毛脚燕也做好了窝等待你去做客呢！

林间纪事

狐狸是怎样把獾撵出家门的

狐狸遭了殃，它的洞穴塌了顶，险些压死小崽子。

狐狸一见大事不妙，只得决定搬家。

它去找獾。獾的洞穴远近闻名，是它自己动手挖出来的，有多个进出口，还有备用的侧洞，以应付意外袭击事件。

獾的洞穴很宽敞，两个家庭合住也绰绰有余。

狐狸请求獾让它住进去，可獾不干。它可是个讲究的房主，喜欢事事有条有理，家里干干净净，一尘不染。拖儿带女的外人住进来如何是好！

它把狐狸赶了出去。

"好哇！"狐狸寻思道，"你竟这样对我，等着瞧吧！"

狐狸装作要回林子里去，其实它就躲在小灌木丛后，坐等机会。

獾探头往外一看，狐狸没在，便离开洞穴到林子里去找蜗牛了。

勤劳、认真的獾与懒惰、狡猾的狐狸形成了鲜明的对比。

狐狸赶忙溜进了獾的洞穴，满地拉屎，搞得满屋臭气冲天，然后跑掉了。

獾回家一看，老天爷，这是怎么了！它懊恼地哼了一声，丢下这个洞，再找地方挖新居去了。

这正中了狐狸的下怀。

于是，狐狸拖儿带女搬进了獾那舒舒服服的家。

有趣的植物

池塘里漂满了浮萍。有人说那是水藻，可水藻是一码事，浮萍是另一码事。

浮萍是种有趣的植物。它的模样跟其他植物不一样，根细细的，浮在水面上的绿色小瓣带有椭圆形的突出物。这些突出物就是小茎和枝条。浮萍没有叶，有时会开花，但很少见。浮萍用不着开花，它繁殖起来又快又简便。只要从圆饼似的小茎上分出一个圆饼似的小枝，一株浮萍就变成了两株。

浮萍的日子过得很滋润，自由自在，无拘无束，四海为家。鸭子从身旁游过，浮萍贴了上去，粘在鸭掌上，跟着鸭子去另一个水塘闯荡了。

> 浮萍自由自在、四海为家的小日子，让我们在赞叹浮萍有趣的同时又感受到它极强的生命力。

H．M．帕甫洛娃

变戏法的花儿

草地和林中空地上，紫红色的矢（shǐ）车菊盛开了。一见这种花儿，人们就不由得联想到它和伏牛花一样会变小戏法。

矢车菊开的不是一朵朵的花，而是一个个花序。它那美丽的叉状小花是无实花。真正的花长在中间位置，是一种深紫红色的小管子。小管子里面才是雌蕊和会变戏法的雄蕊。

只要触碰一下紫红色的小管，它就朝旁边一晃，一团花粉就从管口撒了出来。

过会儿再碰一下这朵小花，它又一晃，又给你落下一团花粉。

它变的就是这样的戏法！

它这样撒花粉可不是无缘无故的，而是根据昆虫的需求按份发放的，昆虫们拿去吃了也罢，沾到身上也罢，只求把花粉带给另一株矢车菊就好了，哪怕只是几小粒。

H. M. 帕甫洛娃

矢车菊变戏法似的授粉过程，很完美地将花粉传递出去，小小的生命在自然法则下生生不息。

神秘的夜行大盗

森林里夜间出现了神秘的盗贼，引起森林居民极大的恐慌。

每天夜里总有几只小兔子失踪。一到夜里，小鹿呀，花尾榛鸡呀，雌黑琴鸡呀，兔子呀，松鼠呀，全都不得安宁。无论是树丛里的鸟儿、树上的松鼠，还是地上的老鼠，谁都不知道盗贼会从哪儿冒出来。神秘的盗贼神出鬼没，时而来自草丛，时而来自树丛，时而来自树上。也许盗贼不是一个，而是一大帮吧。

几天前，森林里狍（páo）子一家：公的、母的，还有两只幼狍，夜间在林间空地上吃草。公狍在离

制造悬念，勾起我们的好奇心，让我们忍不住猜测这到底是个怎样的神秘盗贼呢？

灌木丛8步远的地方放哨，母狍带着两只幼狍在空地中央吃草。

冷不防，树丛里蹿出一个黑影，直向公狍的背猛扑过去。公狍倒了下去，母狍带着孩子跑进了林子。

第二天一早，母狍回到林间空地，只见公狍的身子只剩下两只角和四条腿了。

昨天夜里驼鹿也遭到了袭击。当时驼鹿正在静静的林子里散步。走着走着，它发现一棵树的枝丫上似乎多出了一个大赘瘤（zhuìliú）。

身高体大的驼鹿怕过谁？它头上有一对角，连熊也不敢冒犯它。

驼鹿来到树下，刚要抬头看枝丫上那个赘瘤到底是什么玩意儿，只觉得一种可怕而沉甸甸的东西猛地落到它后脖子上，那重量足有30千克！

驼鹿这一惊非同小可——实在大大出乎它的意料——不禁猛地一摇头，把盗贼从背上甩了下来，自己扭头就跑。它始终不明白，夜间袭击它的到底是什么家伙。

我们的林子里没有狼，再说狼也不会上树。熊吗？现在它都钻进密林里忙着换毛了，况且熊也不会从树上往驼鹿的后脖子上跳。这神秘的盗贼到底是什么玩意儿？

眼下还不得而知。

夜鹰蛋神秘失踪

我们的记者找到了一个夜鹰窝，窝里放着两颗蛋。人走近时，母夜鹰飞离鸟蛋，跑掉了。

我们的记者没有去碰夜鹰窝，只是想好好记住鸟窝所在的位置。

过了一小时，他们又回到鸟窝前，但窝里的蛋不见了。

过了两天我们才搞清楚夜鹰蛋哪儿去了，原来是母夜鹰把蛋衔到另外的地方去了。它怕人会毁了自己的蛋。

勇敢的小鱼儿

我们在前面已经介绍过，雄刺鱼在水下造的窝是什么样子的。

窝造好后，雄刺鱼挑选一条雌刺鱼带回自己的家。雌刺鱼进了门，产下卵，立即进了别的家门。

雄刺鱼又觅新欢。领回一条又一条，先后领了四条雌刺鱼，可雌刺鱼在家里全待不下去，产下鱼卵让雄刺鱼照料，自己却跑了。

雄刺鱼待在家里，独守一大堆鱼卵。

河里有的是食客，它们对刚产下的新鲜鱼卵垂涎三尺。可怜的雄刺鱼只得守护好自己的家，防止凶残的水下怪物的袭击。

不久前，一条贪婪的鲈鱼袭击了雄刺鱼的家。雄刺鱼奋起反抗，与怪物做英勇斗争。

它竖起身上所有的五根刺（三根在背上，二根在肚皮下），机灵地朝鲈鱼面部猛刺过去。

原来鲈鱼全身披鳞带甲，只有面部不设防。

勇敢的刺鱼的这一招吓得鲈鱼逃之夭夭。

谁是凶手

（请参阅《神秘的夜行大盗》一文）

今天夜里，又发生了一起谋杀案，被害者是树上的一只松鼠。我们察看了凶案现场，根据凶手留在树干上和树下、地上的痕迹判断，终于查明了神秘的夜行大盗是谁，正是它不久前杀害了公狍子，害得整片林子里的动物惶惶不可终日。

根据爪印判断，这是来自我国北方的一种豹子，也是森林中最凶猛的猫科动物——猞猁（shēlì，哺乳动物，外形像猫，但大得多。善于爬树，行动敏捷，性凶猛）。

现在猞猁的幼崽已长得有点儿大了，猞猁妈妈就带着自己的子女满林子跑，爬树。

夜里，猞猁的视力与白天一样好，谁要是在睡前不好好躲起来，准会招来杀身之祸！

六只脚的"鼹鼠"

我们一位驻林地记者从加里宁格勒州发来报道说：

"为了体育锻炼，我准备在地上插一根竿子，挖土时把一只小动物和土一起抛了出去。它的前趾有爪，背部长着翅膀似的薄膜，身上满是黄棕色的细毛，仿佛披着一张密密的短毛皮。这只小兽长五厘米，样子像黄蜂，又像鼹鼠。从它的六只脚我判断出它是只昆虫。"

编辑部的解释

这只与众不同的昆虫确实像小兽。怪不得它得了个与兽类有关的名称：蝼蛄（lóugū，俄语中"蝼蛄"一词与"熊"同源。此词另一意义是"熊皮"或"熊皮大衣"）。总的来说，蝼蛄与鼹鼠最相似。它的两只前爪（手掌）很宽，是掘土的能手。此外，这两只前爪像剪刀。对它来说，这很有用：在地下来来往往时，正好用这两把"剪刀"剪断植物的根。个头儿和力气更大的鼹鼠干脆把这些根用强有力的爪子挖掉或用牙齿啃掉。

蝼蛄的颚长满牙齿似的尖角形薄片。

蝼蛄一生大部分时间都生活在地下，像鼹鼠一样，不停地在土中挖通道，在里面产卵，在卵上堆上小土堆。此外，蝼蛄还长有大而柔软的翅膀，所以善飞。在这方面，鼹鼠可就大为逊色了。

蝼蛄在加里宁格勒州比较少见，在列宁格勒（1991年后称"圣彼得堡"）更不多见，但在南方各州非常多。

想要找到这种独特的昆虫，就要到潮湿的泥土中去找，水边、花园和菜园里尤其多。捕捉的方法：傍晚时，在某个地方浇上水，再在上面盖些木屑；到了夜里，蝼蛄就会钻到木屑下的烂泥中来了。

救人一命的刺猬

玛莎早早醒来，套上连衣裙，和往常一样，光着脚丫子往林子里奔。

林子的小山冈上有许多草莓。玛莎麻利地采了满满一篮后，转身回家了。她跳过了一个又一个被露水浸得冰冷的土堆，冷不防滑了一跤，痛得高声喊叫起来。从土堆跌下来时她的一只光脚丫被尖尖的东西戳出了血。

原来土堆下待着一只刺猬，刺了人后它立即蜷成一团，呼呼地叫唤起来。

玛莎哭起了鼻子，坐到旁边的一个土堆上，用手帕擦脚上的血。刺猬也不吱声了。

突然，一条灰色的大蛇直向玛莎爬过来，它的背部有黑色"之"字形的斑纹。这可是条有毒的蝰（kuí）蛇！玛莎吓得手足无措。蝰蛇咝咝地吐着芯子，步步逼近。

想不到这时候刺猬转过身，迈着小步快速地朝蝰蛇迎了过去。蝰蛇挺起上半身，向刺猬扑去，像鞭子一样抽打对方。但刺猬机灵地用身上的刺抵挡着。蝰蛇害怕得咝咝叫起来，企图转身逃走。刺猬紧追不放，用牙齿咬住蛇头后方的部位，两只爪子扑打着蛇背。

玛莎回过神来，站起身，赶忙逃回家去了。

蜥 蜴

我在树林的一个树桩边捉到一条蜥蜴，把它带回了家。我在一只大玻璃罐子里放了些沙子和小石子，让蜥蜴待在里面。每天我都换罐子里的土、草和水，还喂它一些苍蝇、小甲虫、毛毛虫、蚯蚓和蜗牛。蜥蜴便张开大口，狼吞虎咽起来。它尤爱吃白色的菜蝶，一见菜蝶，便转过头来，张开嘴，伸出自己分叉的小舌头，然后像狗一样，跳起来，扑向美餐。

一天早晨，我在石子间的沙里发现了十几粒椭圆形的白色小蛋，蛋外面包着一层薄薄的软壳。蜥蜴为这些小蛋挑选了一个阳光晒得到的地方。一个多月之后，蛋壳破了，里面爬出一些机灵的小不点儿，模样很像它们的母亲。

如今这一家子正趴在石头上，懒洋洋地晒着太阳呢。

驻林地记者　舍斯基雅科夫

摘自少年自然界研究者的日记：

毛脚燕的窝

6月25日。我每天看见毛脚燕在忙忙碌碌地做着窝，眼看着窝慢慢地变大。毛脚燕一大早就开始工作，忙到中午休息两三个小时，然后又接着修理、建造，直到太阳下山前约莫两个小时才收工。不过，毛脚燕也不能连续不断地干活儿，因为这中间需要些时间让泥土变干。

有时其他的毛脚燕登门做客，如果公猫费多谢伊奇不在房顶，它们还会在房顶上坐一会儿，好声好气地聊聊天。新居的主人是不会下逐客令的。

现在毛脚燕的窝变得像个下弦月，就是月亮由圆变缺，两个尖角向右时的模样。我非常清楚毛脚燕为什么造这个样子的窝，为什么窝的两边不向左右两边平均发展。那是因为雌燕和雄燕同时参与了做窝工程，可雄燕和雌燕下的功夫不一样。雌燕衔着泥飞来，头始终向左落在窝上，它做起左边的窝来非常卖力，而且去衔泥的次数比雄燕多得多。雄燕呢，常常是一去好几小时不见踪影，怕是在云彩下和别的燕子追逐嬉戏呢。雄燕回到窝上时，头总是朝右。这样一来它造窝的速度老赶不上雌燕，所以右半边始终比左半边短一截，结果造窝的进程永远是一快一慢不平衡。

雄燕，好一个偷懒的家伙！它怎么不为此害羞呢！不是吗？它的力气可是比雌燕大呀。

6月28日。毛脚燕不再做窝了。它们开始把麦秸和羽毛往窝里拖——在布置新床哩。我没想到，它们的整个工程这么顺利地完成了。我还以为，窝的一边建得慢，会拖了后腿呢！雌燕把窝造到了顶，而雄燕到头来还是没有达到要求，结果造起来的窝成了个右上角有缺口的、不完整的泥球。这个样子的窝正合用，因为呀，这个缺口正好成了它们出入的一扇门！要不毛脚燕怎么进屋呢？嘿，我骂雄燕，可冤枉它了。

今天是雌燕第一次留在窝里过夜。

6月30日。做窝的工程结束了，雌燕再也不出窝了——怕是已产下第一只蛋了。雄燕时不时带些蚊子什么的给雌燕吃，还一个劲儿地唱呀唱、嚷呀嚷——它这是在庆祝，自己心里乐着哩。

又飞来一个"使团"——整整一群毛脚燕，它们飞在空中，挨个儿往新家瞧了瞧，又在窝边抖动翅膀，说不定还亲了亲伸出窝外的幸福女房主的嘴哩。这帮毛脚燕叽叽喳喳叫唤了一阵后飞走了。

公猫费多谢伊奇时不时爬上房顶，往房檐下探头探脑，它是不是在等着窝里的小燕子出世呢？

7月13日。雌燕在窝里连续不断地趴了两个星期，只有在正午天最热的时候才飞出去——这个时候柔弱的蛋不怕受凉。它在房顶上空盘旋一阵，捕食苍蝇，然后飞向池塘，贴近水面，小嘴喝点儿水，喝够了，又回窝里去。

今天开始，雌燕和雄燕经常双双从窝里进进出出。有一次我看见雄燕嘴里衔着一片白色的蛋壳，雌燕的嘴里是一只蚊子。如此说来，窝里已经孵出小燕子来了。

7月20日。可怕呀，多可怕！公猫费多谢伊奇爬上房顶，从房檐上倒挂了下来，正用爪子掏燕窝呢。只听得窝里的小鸟可怜巴巴地叫唤个不停！

说话间，冷不丁不知从哪儿冒出整整一群燕子。它们叫着，嚷着，围着公猫扑棱着翅膀，几乎要碰到公猫的鼻子了。哎哟，猫爪子差点儿逮住一只燕子，哎哟……又扑过去抓另一只了……

太好了，灰色的强盗落空了，它从房顶上掉了下来——扑通！

摔倒没有摔死，可看来够它受的了，你看它喵喵地叫唤着，跛（腿或脚有毛病，走起路来身体不平衡）着三条腿，跑了。

活该！从此公猫再也不敢来惹毛脚燕了。

驻林地记者　维丽卡

苍头燕雀母子情深

我们家的院子里草木很茂盛。

我在院子里转悠，走呀走，突然脚下飞出一只刚出窝的苍头燕雀。这只头上长着一撮尖尖绒毛的小家伙飞起来，又落下。

我捉住它，拿回家去。爸爸建议我把它放在窗台上。

不出两个小时，它的父母就飞过来给它喂食了。

小燕雀在我家一待就是一整天。到了晚上我关了窗，把它放进笼子里。

第二天早上5点钟我就醒了，只见窗台上停着小燕雀的妈妈，嘴里衔着一只苍蝇。我跳起身来，赶忙去开窗，然后躲在房间角落里往外细看。

很快小燕雀的妈妈又露面了。它停在窗口，小燕雀叽叽喳喳叫开了——它这是饿了要吃的呢。小燕雀的妈妈一听叫唤，便鼓起勇气飞进了房间，跳到笼子跟前，隔着笼栅（zhà）给小燕雀喂食。

喂完了，它又飞走找吃的去了。我从笼子里取出小燕雀，带到院子里放生了。

当我想再看看小燕雀时，在原地已找不到它了，它的妈妈领着它飞走了。

沃洛佳·贝科夫

金线虫

在江河、湖泊和池塘里，甚至在普通的深水坑里，栖息着一种奇异的生物——金线虫。老人说，这是死而复生的马的鬃毛。据说，人在洗澡时，金线虫会钻进皮肤里，在里面爬来爬去，害得人奇痒难忍。

金线虫很像某种动物粗糙的棕红色毛发，更像一段被钳子剪下来的金属丝。金线虫非常结实，即使把它放在一块石头上，再用另一块石头砸它，也奈何不了它。这时候它的身子一会儿伸，一会儿缩，最后盘成巧妙的一团。

其实，金线虫是一种无害的没脑袋的软体动物。雌虫满肚子是卵，卵在水里孵化出微小的幼虫，小幼虫长着角质长吻和钩刺，附着在水栖昆虫的幼虫身上，然后钻进对方的体内。要是金线虫幼虫的寄主没有被水蜘蛛或别的昆虫吞进肚里，那么它的生命就完了。反之，一旦金线虫幼虫到了新寄主的肚子里，就会变成无脑袋的软体虫，钻出来，回到水里，来吓唬迷信的人了。

枪打蚊子

国立达尔文自然资源保护区的楼房坐落在一个半岛上，它的周围是雷宾斯克水库。这是个新的、特别的"海"，不久前，这儿还是一片森林。水不深，有的地方水面上还露出树梢。这儿的"海水"是淡水，暖和的，因此"海面"上繁殖了数以亿万计的蚊子。

这些小吸血鬼钻进科学家的实验室、食堂和卧室，害得人无法好好工作，寝食难安。

晚上，房间突然响起了霰（xiàn）弹枪的枪声。

出事了？没什么特别的事，只不过是在用枪打蚊子。

枪里装的当然不是子弹，也不是铅霰弹，只是把少量的普通打猎用的火药装在带引信的弹壳里，再紧紧堵上填弹塞。然后在弹壳里满满地装上杀虫剂，堵好，以防杀虫剂漏出来。只要一开枪，杀虫剂就像细粉尘那样在室内角角落落弥漫开来，钻入每个缝隙里，这样蚊子就被灭杀了。

少年自然界研究者的梦

一位少年自然界研究者要在班里做报告，题目是《昆虫——森林和田野里的害虫，我们要与它们做斗争》。他正做着准备工作。

"为了用机械和化学的方法与甲虫做斗争，花去了 137 000 000（一亿三千七百万）卢布，"这位少年自然界研究者读到了这样的文字，"……用手已捉了 13 015 000（一千三百零一万五千）只甲虫。如果把这些昆虫装在火车里，就需要 813 节车厢。""在与昆虫做斗争的过程中，每公顷（1公顷=0.01平方千米）土地耗费 20～25 个人的劳动力。"

读了这样的叙述，这位少年自然界研究者只觉得头昏眼花。顿时那一串串数字像是一条条蛇，拖着由"0"构成的尾巴，在他眼前晃来闪去。他只好睡觉去。

噩梦折磨了他一整夜。黑森森的林子里，爬出多得没完没了的甲虫、幼虫和毛毛虫，争先恐后地爬过田野，把他团团围住，害得他喘不过气来。他用手掐，通过软管用药水杀，可害虫不见减少，反而一个劲儿地爬过来，它们经过的地方，无不变成了一片荒漠……少年自然界研究者吓得醒了过来。

到了早晨，看来事情并没有那么可怕。少年自然界研究者在自己的报告中提出建议，在爱鸟日那天，大家准备许多椋鸟屋、山雀窝、树洞形窝。鸣禽捉甲虫、幼虫和毛毛虫的本领比人要强得多，而且也不用花钱。

不妨试试

据说，在上面没有遮拦的养禽场，或在没有顶盖的笼子上，交叉拉上几根绳子，那么不仅是猫头鹰，甚至雕鸮（属夜行猛禽，多栖息于人迹罕至的密林中。鸮，xiāo）在扑向睡在栏杆或笼子里的鸟儿之前，准会落在绳子上歇歇脚。在它们看来，这些绳子都很牢固。但是一旦落到绳子上，它们准会来个倒栽葱，因为绳子太细，拉得也很松。

这些猛禽一头栽下来后，会脚朝天倒挂着，直到天明。在这种情况下，它们不敢扑腾翅膀，害怕跌到地面上摔死。天亮以后，你就可以把这些小偷从绳子上取下来了。

真是这样吗？你不妨试试！如果不用绳子，也可以用粗铁丝。

测钓计

还有一种说法：如果你想在哪个湖或哪条河里钓鱼，先从那个湖或那条河里捞些小鲈鱼来，养在鱼缸或装果子酱的大玻璃罐里，这样你就可以知道，今天值不值得去湖里或河边钓鱼了。你只需在出发前，给鱼缸里的小鲈鱼喂点儿东西。如果它们争先恐后地抢吃，说明今天的鲈鱼或别的鱼儿将非常吃钓，你一定满载而归。如果缸里的鱼儿不来吞食，那么当天湖里或河里的鱼儿胃口也不好，说明气压不适宜，天气有变，也许会有雷雨。

要知道，鱼儿对空气和水里的一切变化是非常敏感的，根据它们的行为可以预测未来数小时内的天气状况。每个热衷于钓鱼的人都应该试验一下，看看这种有生命的晴雨表，在室内和露天环境下是不是同样准确。

空中大象

空中飘着乌云，黑压压的，看起来像头大象。它时不时把长鼻子伸向大地。象鼻子一接触到地面，就扬起尘埃。尘埃像一根柱子，转着，转着，越转越大，最后与空中的象鼻子合而为一，成了一根上顶天下接地、不断旋转的巨型柱子。大象把这根大柱子吸了过去，继续向前奔去。

空中大象跑到一座小城上空，悬在上面不走了。突然大象身上洒下了大雨。你看，这是场多大的雨，简直就是瓢泼大雨！房顶上，撑开的伞上，噼噼啪啪响个不停。你知道是什么东西在作怪吗？蝌蚪、小青蛙和小鱼儿！它们落在街上的水洼里，蹦蹦跳跳，窜来窜去。

后来查明，原来是大象状的乌云在龙卷风（从地上一直卷到空中的旋风）的帮助下，从林中的湖里吸饱了水，连同水里的蝌蚪、小青蛙和小鱼儿一起，在空中跑了好几千米后，把自己的猎物全吐到小城里，自己继续往前跑。

成长启示

热爱钓鱼的人大部分都知道"测钓计"，钓鱼前先从湖里或者河里捞出些鱼儿来，喂它们些食物用来判断一下今天的鱼儿是否吃钓。这就启示我们做事情之前要做好充足的准备，不能盲目地进行。当你各方面都做了充分准备，做事情就会容易许多。即使遇到风险，准备充足的你想必也是信心满满。

‖ 要点思考

1. 毛脚燕的窝有什么特点？请结合《毛脚燕的窝》谈谈你对合作的认识。

2. 空中的乌云看起来像大象，你还见过哪些形状的云？快来分享一下吧。

阅读链接

会变魔术的花儿

读完故事，我们知道了矢车菊是一种会变戏法的花儿，但你知道吗？在我国的广西有一种花儿叫作"魔术花"，这种花儿真的如它的名字一般会变魔术呢。

每年的春季，魔术花会长小花苞，每株可以出现600～700个花苞。开花期间，神奇的魔术花会有规律地喷射出白色烟圈，射到高20厘米位置，然后散开，花朵的颜色也逐渐变得透明。从盛开到凋零，整个过程可以持续40天。

由于地主对土地的不爱惜，"我们"赖以生存的家园正受到灾难的攻击。在这场没有硝烟的战争中，"我们"请出绿色朋友——森林来帮忙。它们将在这场战争中帮助土地恢复往日的生气，阻挡灾害继续侵略"我们"的土地。

绿色朋友

过去，人们认为，我们的森林无边无际，大得不得了。

因此，从前毫无算计的大地主人——地主，不知道保护森林，不去爱惜森林。他们毫无节制地砍伐森林，滥用土地。

森林消失的地方就出现了沙漠和沟壑（hè）。

田野周围没有了森林，远方沙漠干燥的风就滚滚而来。炽热的沙粒把田地掩埋起来，庄稼枯死，再想保护为时已晚。

江河湖泊和水塘岸上没有了森林，积水就会干涸（hé），沟壑开始向田野延伸。

人民赶走了不爱惜森林的地主，亲手掌管自己巨大的财富。他们开始向干风、旱灾、沙灾和沟壑宣战。

绿色的朋友——森林，成了他们重要的助手。

我们派遣森林到被掠夺一空的江河湖泊和池塘去，让它们去抵挡烈日的暴晒。雄伟的森林巨人般的身躯高高屹立（像山峰一样高耸而稳固地立着，常用来形容坚定不可动摇），郁郁葱葱的树枝使江河湖泊和池塘免受阳光暴晒。

为了使我们辽阔的田野免受凶狠的干风荼毒（荼是一种苦菜，毒指毒虫、毒蛇之类，借指毒害。荼，tú），使我们的耕地不受远方沙漠中热沙的掩埋，我们植树造林。森林巨人挺起胸脯迎战凶狠的干风，筑起牢不可破的长城，保护田野免受风灾……

凡是土地塌陷、沟壑纵横、耕地被肆无忌惮地吞噬掉的地方，我们都植树造林。我们绿色的朋友——森林牢牢地立稳脚跟，用自己强壮有力的根须保护土壤，阻挡沟壑蔓延，不许它们继续啃食我们的耕地。

征服干旱的战斗已经打响。

森林重生

季赫温区有几个采伐地正进行人工造林。在250公顷的土地上种上松树、云杉和西伯利亚落叶松。230公顷林木被严重砍伐过的地方，现在土地被翻松了，好让那些幸存下来的树木结的种子，落在翻松的土壤上更快发芽。

10公顷地上播下了西伯利亚落叶松的种子。小树苗已发出粗壮的嫩芽。繁殖这种树木，可以丰富列宁格勒州森林珍贵的建筑用材。

这里已开辟了一个苗木场，培育出多种供建筑用的针叶树和落叶树，还计划培育多种果树和产橡胶的灌木——瘤枝卫矛。

塔斯社列宁格勒讯

‖ 成长启示

由于人们的贪婪和无知，毫无节制地砍伐森林，田野、江河湖泊和水塘岸上没有了森林，积水变得干涸，沙粒把田地掩埋。大自然是我们赖以生存的家园，对它不停地索取和破坏，最终受到惩罚的将是我们人类自己。

‖ 要点思考

1. 谈谈日常生活中我们能为保护自然做些什么，可以分享给身边的同学和朋友。

2. 请查阅资料并简单说一说树木对保护生态环境有什么作用。

之前的战斗中野草族和小山杨都没能战胜云杉，就在云杉快要胜利的时候，小白桦悄悄地加入了战斗。现在我们来看看第二年的战况，新加入的小白桦和山杨联手能否斗得过云杉。

林间战事（续前）

小白桦也遭遇了野草族和小山杨相同的命运——被云杉欺负死了。

现在，采伐地再也没有能与云杉抗衡的对手了。我们的记者收拾好帐篷，移师另一块采伐地——不是去年，而是前年伐木工人砍伐过树木的地方。

在那里，他们目睹了占领者云杉在战后第二年的境况。

云杉的族人都很强壮，但它们有两大弱点。

第一个弱点是：虽然它们扎在土里的根伸得很广，但并不深。秋天，开阔的采伐地上狂风肆虐。许多幼小的云杉被狂风刮倒，也有被连根拔起的。

第二个弱点是：幼小的云杉还没长壮实时，怕冷。

小云杉枝条上的芽一遇严寒，全被冻死了，冰冷的风一刮，柔嫩的枝条全被折断。到了春天，在那块被云杉征服了的土地上，一棵小云杉也没有留下来。

云杉并非年年都结籽。结果是，虽然云杉很快就初战告捷，但这胜利并不巩固，在很长的一段时间内，它丧失了战斗力。

蓬勃生长的野草族新春一到便钻出地面，立刻投入了战斗。

这一回它们的对手是山杨和白桦。

山杨和白桦都长高了，便轻而易举地把细嫩轻巧的小草从身上抖落下去，众草类植物紧紧地围住山杨和白桦，反倒让它们占到了便宜——上一年的枯草像条厚厚的毯子覆盖了地面，腐烂后散发出热量。而新草掩盖住刚出生的娇嫩树苗，起了保护作用，叫它们免受危险的早霜侵害。

矮小的野草怎么能与迅速长高的山杨和白桦比高下呢？它们节节败退，刚一败北，就见不到天日了。

每一株小树，一旦高过小草，就伸开自己的枝丫，高居在上。山杨和白桦虽没有云杉那样浓密的针叶，但它们有的是宽叶子，树荫大着呢。

要是小树长得稀稀拉拉，小草的日子还能对付过去。可是白桦和山杨密密麻麻地在采伐地生长起来，它们齐心协力，伸出枝条，手挽着手，形成了一个个紧密的队列。

这可是紧密的绿荫天棚。见不到阳光，底下的野草死期近了。

我们的记者很快就看到，战争的第二年以山杨和白桦的完全胜利而告终。

于是，我们的记者又转移阵地，到第三块采伐地去继续观察。

欲知他们在那里见到了什么，请看下期报道。

春天的鱼儿大都在浅滩，而夏天的鱼儿大都在深潭里。水里的鱼儿非常会照顾自己，它们会随着天气的变化待在不一样的位置，同时它们对食物也有很高的要求。若你想钓到它们，可千万别低估了它们的"能力"。

祝钓钓成功

钓鱼与天气密切相关。夏天常有暴风雨，暴风雨逼得鱼儿往平静的水面游，躲到深坑、草丛和芦苇丛里。遇到连续几天的风雨天气，所有的鱼儿都聚集到最僻静的水域，无精打采的，给东西也不吃。

大热天，鱼儿会寻找凉爽的地方——有地下泉水、水温低的地方。热天，只有在大清早或傍晚暑气消退的时候，鱼儿才来吃食，容易上钩。

夏季干旱的时候，江河湖泊的水位下降，鱼儿聚集在深潭里。但潭里的食物不多，这时候找个落脚的地方，就会大有收获，特别是用鱼饵。

最好的鱼饵是麻油饼。平底锅煎一下麻油饼，磨碎捣烂后，添上煮烂的燕麦、黑麦、大麦、小麦、米粒、豆子，这样一来，鱼饵就有了新鲜的麻油味。鲫鱼、鲤鱼和许多其他的鱼儿都非常喜欢。为了让鱼儿习惯一个地方，就要天天撒鱼饵，以后食肉类鱼，如鲈鱼、狗鱼、刺鱼和海鲦（tiáo）等都会尾随而来。

阵雨和雷雨会使水变得凉爽，这样有利于增加鱼的食欲，雾后也是钓鱼的好时机。

每个人都应该根据晴雨表、云量的多少、鱼咬不咬钩、日出即散的夜雾和露水，学会事先判断天气的变化。明亮的紫红色早霞说明空气的湿度大，可能会下雨。金红色的早霞说明空气干燥，最近几小时内不会有雨。

除了用带漂子或不带漂子的鱼竿钓鱼外，还可以坐在小船上，边划边钓。在这种情况下，就要准备好一条牢固且足够长的绳子（约50米），在用手拉的地方接一段钢丝或牛筋，再准备一条假鱼。用绳子拴住假鱼，离小船25～50米远。船内两个人，一人操桨，另一人拉绳子。假鱼就拖在水底或水中。鲈鱼、狗鱼和刺鱼等食肉类鱼看到经过头顶上的假鱼，以为是真的鱼，就会扑过去，一口吞下去，于是扯动了绳子。钓鱼的人感到有鱼上钩，把绳子慢慢往身边拉过来，用这种方法钓到的往往是大鱼。

最合适用假鱼和长绳钓鱼的地方是长着芦苇、高而陡的湖岸下的深水潭，上面杂乱地堆着被风刮倒的树木，此外还有开阔水面岸边的芦苇丛和草丛。在江河里，船要沿着陡岸划，或者在水深而平静、水面开阔的地方。要避开石滩和浅滩，在滩的上方下方都可以。用假鱼垂钓时，船要划得慢，尤其是风平浪静的时候，因为在这种情况下，即使隔得很远，鱼也听得见桨轻轻触动水面的声音。

捕　虾

5～8月这四个月是捕虾的最佳季节。

要捕虾必须了解虾的生活习性。

小虾是由卵孵化出来的。一只雌虾产卵的数量可达百个之多。虾卵存在雌虾的腹足（河虾有十只脚，最前面的一对是虾钳）和尾巴下面的腹部。虾卵在雌虾身上度过冬天，到了夏初，虾卵裂开，孵出来蚂蚁大小的小虾。古时候人们都认为，只有最精明的人才知道虾是在什么地方越冬的，现在人人都知道虾是在江河湖泊的岸边洞里越冬的。

虾在出生后的第一年要蜕8次皮（皮是虾的外壳），成年后一年就只蜕一次了。在旧皮蜕了后，新的壳还未变硬前，虾就赤身裸

体待在洞里。蜕皮中的虾是许多鱼类爱吃的美食。

虾喜欢在夜间活动，白天就待在自家的洞里。不过，要是发现猎物，即使在阳光底下，它们也会出洞捕捉的。这时候就会看到水面上冒出些气泡，这是虾在呼气。水中的各种小生物，比如水虫呀，小鱼呀都是它的捕捉对象，尤其是腐肉，它最爱吃，即使隔得老远，它也闻得到腐肉的气味。

人们常根据虾爱吃腐肉的习性来捕虾：用一块臭肉、死鱼、死蛙来做饵料。晚上虾从洞里出来，在水底转悠，寻找猎物——头朝前（虾只在逃跑时才倒着走）。

把饵料固定在虾网里，虾网紧绷在两根直径30～40厘米的木框或金属框上，防止虾进了网就把饵料拖走。用细绳把网系在长竿子的一端，从岸边放到水底。虾多的地方，很快就有虾进了网，进来就出不去了。

还有一些更复杂的捕虾手段。最简单又行之有效的方法是，在水浅的地方，边走边在水底找，找到了，一把抓住虾背，从洞里直接拖出来。当然，这样做，手指常常会被虾钳钳住——但是这并不可怕，再说我们这种捕虾的方法也不是针对胆小的人提出的。

如果你随身带着一口小锅，外加盐和小茴香，那你就可以在岸上烧开一锅水，放上盐和小茴香，就可以直接煮虾吃了。

在暖和的夏夜，待在河岸或湖岸上，在点点星光映衬下，吃着味美的虾，那可真是件赏心乐事！

农庄里的黑麦开了花，高得像片森林，庄员在辛勤地为它们除草。成熟的浆果整装待发，它们正你一嘴我一嘴地讨论着自己该何时进城。听少年自然界研究者说布谷鸟还帮了橡树一个大忙……这样热闹的农庄，快让我们一起去看看吧！

农庄纪事

黑麦长得比人还要高，已开花了。黑麦田就像是片林子，里面的野公鸡——山鹑伴着雌鸟，身后随着小雏鸟，一家几口正在溜达。小雏鸟活像黄色的小绒球，滚动着。它们才破壳而出不久，已经能出窝了。

正是割草的季节。庄员们有的用手工，有的用机器。机器在草场上作业，挥动着光溜溜的翅膀，身后留下多汁而芬芳的青草，高高地码成一排排、一列列，整整齐齐，仿佛是用直尺画出来的。

在菜园的一垄垄地里，堆着绿色的洋葱，孩子们正在搬运。

女孩子跟着男孩子一起采浆果。在这个月开始时的森林里，在阳光照到的小丘上，甜美的草莓已经成熟。现在是浆果最多的时候，在林子里，黑果越橘和覆盆子正在成熟，而在多苔藓的林间沼泽地上，有一包籽儿的云莓由白色变成了绿色，又由绿色变成了金黄色。想采就采，爱采哪种就采哪种！

孩子们还想多采些，可家里还有很多活儿等着他们去干：挑水、给园子浇水，还得给菜地除草。

集体农庄新闻

H. M. 帕甫洛娃

牧草投诉

牧草投诉说，庄员欺负它们。牧草刚准备开花，而且有些已开起花来了，白色羽毛状的柱头从穗子里探出脑袋来，纤细的花茎上挂满了沉甸甸的花粉。

突然开来了割草机，把所有的牧草，不分青红皂白，一律齐根割了下来。这下开不了花了！人家只能重新生长了！

驻林地记者对这件事进行了调查。现已查明，割下的草要晒成干草。因为要给牲口备足越冬的干草，所以不等草开完花就把它们全割下来，以准备充足的牧草，这种做法完全正确。

地上喷洒了神奇的水

杂草一遇到这种神奇的水，就没命了。对杂草来说，这种水是夺命水。

可是庄稼碰到这种神奇的水，照旧生机勃勃，活得快快乐乐。对它们来说，这种水是活命的水。这种水不但不会对庄稼造成损害，还帮助它们生长，消灭它们的敌人——杂草。

阳光的受害者

在"共青团员"农庄里，两只小猪在散步的时候，背脊被阳光灼伤了，灼伤的地方起了水泡。兽医马上被请来给小猪治病。以后在天气炎热的时候，禁止小猪出来散步，就算有猪妈妈带着也不行。

避暑客失踪了

不久前，"河岸"农庄里新来了两位避暑的女子，可她们突然失踪了。大家找呀找，找了很久，才在离农庄3000米远的干草垛上找到了她们。

原来，这两位避暑客迷路了。事情是这样的：清早，她俩出去洗澡，记得自己是从天蓝色的亚麻地里走过来的；午后，她们要回去时，怎么也找不到那块天蓝色的亚麻地了，就这样迷了路。

这两位避暑客并不知道，亚麻清晨开花，到了中午花就凋谢了，亚麻地也跟着由天蓝色变成了绿色。

母鸡疗养院

今天一大早，农庄的母鸡动身去疗养院，它们是坐着车带着全套设施去的，还有专门的包厢呢。

母鸡的疗养院设在收割过后的田地上。庄稼收割后，地里只留下庄稼的根须，以及落在地上的麦粒。为了不白白浪费掉这些麦粒，就把母鸡送到这儿来疗养。这儿要建立一个完整的母鸡新村，不过

只是临时性的。等母鸡把地上的谷物吃得一粒不剩的时候，它们又要坐上车到别处疗养，接着去吃麦粒。

绵羊妈妈的不安

绵羊妈妈们变得非常不安，因为人家把自己的羊宝宝给夺走了。可羊宝宝都已经三四个月大，已经长大了，总不能让它们一直围在妈妈身边转吧？这也说不过去呀。该让它们学会独立地生活了。此后羊宝宝就独自去吃草了。

整装待发

马林果呀，茶藨（biāo）子呀，醋栗（lì）呀，这些浆果全成熟了。它们该从农村起程去城市了。

醋栗不怕路途遥远：

"送我去吧，我受得了，越快动身越好，我如今还没熟透，还是硬的。"

茶藨子说了：

"包装注意点儿，我能坚持到底。"

马林果早就泄气了：

"还是别碰我的好，让我留在原地吧！我最怕的就是走远路。一路的颠簸，那还不要了我的命啊。颠来倒去，到头来我就变得稀巴烂了。"

乱糟糟的食堂

在"五一"农庄的池塘里，水面上露出几个木牌子，上面写着"鱼食堂"三个字。每个水下食堂里，都摆着一张有边的大桌子。不过，鱼食堂里可不设座椅。

每天清早，木牌四周的水像开了锅似的，翻滚起来，原来是鱼儿在等着吃食呢。鱼儿不懂守秩序，你挤我，我撞你，争先恐后，乱成一团。

7点钟，饲料工厂这个大厨房用船给食堂运来了早餐：煮土豆、杂草种子做的团子、晒干的小金虫和许多别的可口美食。

这个时间，食堂里的鱼可就多了——每个食堂少说也有400条。

一位少年自然界研究者讲的故事

我们的农庄在一片小橡树林旁，过去很少有布谷鸟飞来，来了也只叫一阵子就飞走了。如今不同了，夏天经常能听到"布谷——布谷"的叫声。恰好就在这个季节，农庄里的牲口被赶到这片林子里吃草。吃中饭的时候，一名放牧工跑过来，嚷嚷道："牛发疯了！"

我们赶紧往橡树林跑。那儿简直闹翻天了！乱哄哄的太吓人了！母牛叫着到处跑，尾巴敲打自己的背脊，身子糊里糊涂往树上撞——不小心撞坏了脑袋，保不齐还要踩死我们呢！

赶紧把牛群赶往别处去。这到底是怎么回事？

罪魁祸首是一些毛毛虫，这些棕色、毛茸茸的虫子，大得不得了，简直像是些小兽。满树满枝全是，有些树的叶子被啃得精光，只剩下光秃秃的树枝。毛毛虫身上脱下来的毛，风一吹，到处飞扬，眯了牛的眼睛，刺得好痛——吓死人了！

　　还好有布谷鸟在，有好多好多的布谷鸟，我这辈子还没见过这么多的布谷鸟呢！除了布谷鸟，还有金灿灿、带黑条纹的美丽黄莺和翅膀上有天蓝色条纹的樱桃红色的松鸦。周围的鸟全都聚集到我们的橡树林里来了。

　　真想不到，橡树挺过来了，不出一星期，毛毛虫全被消灭了！真是好样的，是不是？要不我们的橡树林就完了。那该有多可怕！

尤拉

本月的狩猎纪事记录了人们和害虫之间的战争——人们是如何讨伐跳甲虫和蚊子等害虫的。另外还发生了一件不寻常的事儿，牧场里那头得过奖的小母牛被发现死在了角落里，是熊还是其他什么动物害的？最后细心的猎人查明了它的死因。

狩猎纪事

不打飞禽，也不打走兽

夏季里既不打飞禽，也不打走兽。确切地说，甚至不是狩猎，而是进行一场战争。夏季，人类有许多敌害。譬如说，你们开辟了一个菜园子，种下了蔬菜，浇了水。可你们能保护蔬菜不受敌害祸害吗？

用竹竿竖几个稻草人管什么用？稻草人倒可以赶走麻雀和别的鸟，可作用并不大。

菜园子里还有一些敌害，别说是稻草人，就是人拿着真刀真枪，它们也不怕。这些家伙木棍打不死，枪也打不着，只能想法子对付它们。这时候需要的是时刻警惕的敏锐眼睛，别看它们小小的个儿，能耐大得谁也比不过。

跳来跳去的害虫

菜园子里出现了一种深色的小甲虫，背部有两道白色的花纹。

它们像跳蚤一样在树叶上跳来跳去。这时就得警惕了，菜园子可要遭灾了。

可怕的敌害——菜园里的跳甲虫，两三天内就可以毁了几公顷菜园。它们会把尚未成熟的嫩叶子咬出一个个小洞，叶子因此就变得像筛子一样全是孔，菜园这不是全完了吗？对萝卜、芜菁（wújīng）、冬油菜和大白菜来说，跳甲虫尤其可怕。

讨伐跳甲虫

应该这样来对付跳甲虫：武器是系着小旗子的杆子，小旗子的两面涂上厚厚一层胶水，只在下部的边缘留出约莫7厘米的地方不涂胶水。

带上这样的武器去菜园，在一垄垄菜地间来回走动，在蔬菜上方不停地挥动小旗子，只让那未涂胶水的边缘碰到跳甲虫。

跳甲虫一碰到旗子的边缘就往上跳，便被胶水粘上了。到此为止，还不能认为自己已胜券在握了，因为新的一批害虫可能还要来祸害菜园子。

一大早，趁着青草上的露水未干的时候动身，用细孔的筛子给蔬菜撒上草木灰、烟末或熟石灰。对农庄大面积的菜地来说，人工撒不管用，得动用飞机。

这样能驱除菜园子里的跳甲虫，也不会对蔬菜造成损害。

飞来飞去的害虫

蛾子比跳甲虫还要可怕。它们会神不知鬼不觉地在菜叶上产下卵，卵里孵化出来的毛毛虫啃食菜叶和茎。最危险的蛾子有五种：白天活动的菜粉蝶（啃吃菜叶，有一对杂有黑斑点的白翅膀）和芜菁粉蝶（食性和模样与菜粉蝶差不多，只是体形小些）；夜间活动的菜螟（míng）蛾（体形小，翅膀下垂，前部呈赫黄色）、菜夜蛾（有茸毛，灰褐色）和菜蛾（细小的浅灰色蛾子，样子很像衣蛾）。

跟它们只能打白刃战，把卵收集起来，用手弄碎就可以了。还有一招，即在蔬菜上撒上灰，与对付跳甲虫的办法相同。

还有一种更可怕的敌害，它们会对人发起直接的攻击。这些敌害就是蚊子。

在死水里游动着一种毛茸茸的小蠕虫和肉眼不易发觉的蛹，与身子相比，蛹的头部大得不成比例，而且还带有小小的角状物。

这些就是蚊子的幼虫孑孓（jiéjué）和蛹。我们这儿的沼泽里就有蚊子的卵，有的粘在小船上，四处漂流，有的附着在沼泽的草上。

两种蚊子

蚊子与蚊子各有不同。被有的蚊子叮了之后，只觉得痒痒的，还起了个疙瘩，这是普通的蚊子，不危险。还有一种蚊子可不一样，被它们叮了之后，人就会打摆子，科学家称这种病为"疟（nüè）疾"。得了这种病，一会儿感到热，一会儿感到冷，冷的时候身子就哆嗦起来。一两天后好像好了一些，但不久又要复发。

这种蚊子叫疟蚊。下图就是疟蚊。

看外表两种蚊子很相像，但雌疟蚊的吸吻旁有触须，吸吻上方粘有有毒的微生物。疟蚊叮人时微生物进入人的血液，破坏血球。

因此，人就会患病。

科学家用高倍显微镜观察蚊子的血后了解到这些道理，肉眼是什么也看不到的。

置蚊子于死地

单凭一双手是打不完所有的蚊子的。

科学家趁蚊子的幼虫还在水里时就与它们进行斗争了。

从沼泽里用玻璃瓶装一些有孑子的水，往瓶子里滴几滴煤油。注意看，会出现什么情况：煤油在水上扩散开来，孑子跟着像蛇一样蠕动起来，大脑袋的蛹一会儿沉到瓶底，一会儿拼命往上升。孑子用小尾巴，蛹用小角想冲破那一层煤油膜，煤油堵住了孑子的呼吸孔，把它们憋死了。还有许多其他的办法来对付蚊子。

住在沼泽地区的人家没有不受蚊子侵扰的，他们就是在沼泽里倒上煤油来灭蚊子的。

往沼泽里倒煤油，一个月倒上一次就可消灭蚊子的后代了。

一件稀罕事儿

我们这儿发生了一件不寻常的事儿。

牧童从牧场上奔了过来，嚷嚷道："小母牛让野兽咬死了！"

庄员们一片惊呼，挤奶女工号啕大哭起来。

那可是我们最好的一头小母牛，展览会上还得过奖哩。

大伙儿放下手头的活儿，全跑到牧场上去看个究竟。

在草场——就是我们说的牧场——远处的角落里，林子边，躺着小母牛的尸体。它的乳房已被吃掉，后颈被撕碎，其他部位完好无缺。

"熊干的，"猎人谢尔盖说，"熊老这样，咬死后就丢下了，等肉腐烂发臭了再来吃。"

"错不了，"猎人安德烈表示赞同，"明摆着的事儿。"

"大伙儿散了吧，"谢尔盖接着说，"我们会在树上搭个棚子。不是今晚，就是明晚，熊兴许会来。"

到了这时候，他们才想起了第三位猎人——塞索伊·塞索伊奇。他个儿小，混在人群里很不起眼。

"你不跟我俩一起去守夜吗？"谢尔盖和安德烈问。

塞索伊·塞索伊奇没吭声。他转身到了另一边，仔细察看起地面。

"不对，"他说，"不会有熊来。"

谢尔盖和安德烈耸了耸肩。

"随便你怎么想吧。"

庄员们散了，塞索伊·塞索伊奇也走了。

谢尔盖和安德烈砍下树枝，在附近的松树上搭了个棚子。

他俩一看，塞索伊·塞索伊奇扛着枪和自己的猎犬佐尔卡回来了。

他又仔细地察看了小母牛四周的泥土，还莫名其妙地察看了附近的树木。然后，他进了林子。

谢尔盖和安德烈在棚子里守了一夜。

这一夜没有什么野兽来。

又守了一夜，熊还是没有来。

第三夜，熊仍旧没来。

两位猎人失去了耐心，相互说道：

"看来塞索伊·塞索伊奇摸到了咱俩没看出来的什么东西。明摆着的，熊没来。"

"问问去？"

"问熊？"

"干吗问熊？问塞索伊奇。"

"没处可问，只得去问他了。"

两位猎人去找塞索伊·塞索伊奇，他刚从林子里回来。

塞索伊·塞索伊奇把一只大袋子往角落里一扔，径自擦起枪来。

"怎么回事？"谢尔盖和安德烈说，"你说得对，熊没来。这是怎么回事？行行好，说说吧。"

"你们什么时候听说过，"塞索伊·塞索伊奇问他俩，"熊吃掉母牛的乳房，反而把肉丢下？"

两位猎人彼此交换了眼色，可不是，熊是不干这种胡闹的事的。

"察看过地上的脚印没有？"塞索伊·塞索伊奇接着问。

"可不是，看了。脚印的间距宽宽的，有20多厘米。"

"那爪子大不大？"

这下可把两位猎人问住了，他俩好不尴尬。

"脚印上没见着爪印。"

"这就对了。要是熊的脚印，第一眼看到的就该是爪印。你们倒说说，什么野兽走起路来收起爪子？"

"狼！"谢尔盖脱口说道。

塞索伊·塞索伊奇哼了一声：

"瞧你们还是猎人呢！"

"得了吧你，"安德烈说，"狼的脚印和狗的脚印差不多，只是稍大点儿，窄点儿。倒是猫——猫走起路来确实是把爪子收起来的，脚印圆圆的。"

"这就对了，"塞索伊·塞索伊奇说，"咬死小母牛的就是猫。"

"你这是开玩笑吧？"

"不信，那就看看袋里装的是什么。"

谢尔盖和安德烈忙冲过去把袋子解开来一看，是一张有棕红色花斑的大猞猁皮。

这下闹明白到底是哪种动物要了我们小母牛的命了。要说塞索伊·塞索伊奇在林子里怎么遇到猞猁，又怎么打死它，那只有他自己和他的猎狗佐尔卡知道了。知道是知道，可就是不露一点儿口风，对谁也不说。

猞猁攻击小母牛的事很少见，可我们这儿确实发生了。

‖成长启示

　　三位猎人各显其能抓捕伤害小母牛的动物，谢尔盖和安德烈随便瞧瞧就草草下定论是熊干的。只有塞索伊·塞索伊奇仔细察看地面，发现了一些和熊不一样的脚印，所以他笃定熊不是凶手。最后，果然是细心观察的塞索伊·塞索伊奇抓到了凶手——猞猁。这告诉我们做事情要细心，仔细观察后再行动，才能达到预期效果。如果粗心大意就容易出现错误，细心会让我们节省很多时间与精力。

‖要点思考

　　1. 你还知道哪些驱蚊小妙招吗？快来和大家分享一下吧。

　　2. 你还知道哪些害虫呢？它们有什么习性？

天南地北

无线电通报

请注意！请注意！

列宁格勒广播电台

这里是《森林报》编辑部。

今天是 6 月 22 日，夏至，是一年中白昼最长的一天。我们将举办一次全国各地的无线电通报。

我们呼叫冻土地带、沙漠、原始森林和草原地区、海洋和高山地区。

请告诉我们，现在——在夏天中，在一年中白昼最长、黑夜最短的日子里，你们那里的情况。

请收听！请收听！

北冰洋岛屿广播电台

你们问是什么样的黑夜？我们几乎忘记了什么是黑夜，什么叫黑暗。

现在，我们这里白天最长：整整 24 小时全是白昼。太阳时而升起，时而降落，可始终不会在海平面上消失。连续三个月差不多都这样。

阳光始终没有暗下去，地上青草生长的速度不是按日，而是按小时计算，就像童话里那样，它们从地下钻出，长出绿叶，开出花朵。池沼里长满了苔藓。连原本光秃秃的岩石上也布满了五颜六色的植物。

冻土带焕发出勃勃生机。

是的，我们这里没有美丽的蝴蝶和蜻蜓，没有机灵的蜥蜴，没有蛙和蛇。我们这里也没有冬天里钻进地下、在洞穴里睡过一冬的大小兽类。永久冻土带的泥土封住了，即使在仲夏时节也只有表面的土层解冻。

乌云一般密集的蚊子在冻土带上空嗡嗡叫，但我们这里没有对付这些吸血鬼的歼击机——身手敏捷的蝙蝠。即使它们飞到这里来度夏，叫它们如何活得下去？因为它们只能在黄昏和黑夜才出来捕食蚊子，可我们这里整个夏季既没有黄昏，也没有黑夜。

我们这里，岛屿上的野兽不多，有的只是身体和老鼠一般大小的短尾巴啮齿动物兔尾鼠、雪兔、北极狐和驯鹿。偶尔能见到身高体胖的北极熊从海里游到我们这里，在冻土上转悠一阵，寻找猎物。

不过说到鸟儿，我们这儿的鸟儿可真是多得数也数不清！虽说这里所有背阴的地方全是积雪，可早有大批鸟儿飞来了。其中就有角百灵、鹨、鹡鸰、雪鹀——所有会唱歌的鸟儿都结伴来了。更多的是海鸥、潜水鸟、鹬、野鸭、大雁、暴风鹱（hù）、海鸠（jiū）、嘴形可笑的花魁（kuí）鸟和其他稀奇古怪的鸟儿，这些鸟儿你们也许连听也没听说过。

到处是鸟鸣声、喧闹声和歌唱声。整个冻土带，甚至光秃秃的山崖上都布满了鸟巢。有些岩壁上成千上万的鸟巢紧紧挨在一起，岩石上只要有小凹坑的地方都成了鸟窝，哪怕只能容得下一个蛋也是好的。喧闹声使这里简直成了鸟类的集市了。要是有什么凶猛的杀手胆敢靠近，黑压压的鸟群会乌云般扑到它身上，叫声会震聋它的耳朵，鸟喙（huì）会将它啄死——鸟儿可不想让自己的子女遭殃。

你看，现在我们的冻土带多热闹！

你们也许会问："要是你们那里没有夜晚，那鸟兽什么时候睡觉呢？"

它们几乎就不睡觉，没时间呀。打会儿盹儿，立马就忙乎起来：有的给孩子喂食，有的筑巢，有的孵蛋。要干的活儿太多了，没一个不忙忙碌碌、匆匆忙忙的，因为我们这里的夏天特别短暂。

睡觉的事放到冬天再说吧——到时候把全年的觉都补回来。

中亚沙漠广播电台

恰恰相反，我们这儿大家正在酣睡呢。

毒辣辣的阳光把绿色植物全烤干了。我们已记不得最近一场雨是什么时候下的了，更怪的是，不是所有的植物都会旱死。

刺骆驼草本身只有半米来高，可它使出高招，把自己的根扎到灼热的地下五六米深的地方，吸取那里的水分。还有一些灌木和草类不长叶子，而生出绿色的细丝。这样呼吸时就可减少水分的散发。梭梭树（又称盐木、琐琐。分布在干旱的沙漠地带。材质坚）是我们沙漠里不高的树，一片叶子也不长，只生细细的枝条。

风一刮，当空就笼罩着黑压压乌云似的滚滚沙尘，遮天蔽日。这时，突然间就会响起令人心惊肉跳的喧闹声和鸣叫声，仿佛有成千上万条蛇在发出咝咝声。

但这不是蛇在叫，而是狂风来时梭梭树的细枝相互抽打发出的咝咝声和鸣叫声。

这时候，蛇都睡着了。红沙蛇深深地钻进沙里，也在睡。它可是黄鼠和跳鼠的冤家。

黄鼠和跳鼠也在睡。细脚黄鼠害怕阳光，用泥

植物对自身所处的环境有着极强的适应力，这不正是我们成长中所需要的能力吗？物竞天择，适者生存，不管是动植物还是人类，只有强者才能屹立不倒。

在描述一个情景时，可以充分地调动我们的感观，将所听、所见、所感一一记录下来。尝试一下，你也可以写出很生动的句子。

土堵住了洞口，只在大清早出来找吃的。它得跑多少路才找得到没有被晒干的小植物啊！黄色的跳鼠干脆钻到地下去，睡上长长的一觉：夏、秋、冬整整三季全在睡，到了开春才醒过来。一年中它只有三个月出来活动，其余的时间全在睡大觉。

蜘蛛、蝎子、多足纲的昆虫、蚂蚁都害怕炎炎烈日：有的躲进岩石下，有的藏在背阴的泥土里，只在黑夜出来。无论是身手敏捷的蜥蜴，还是行动迟缓的乌龟，都不见了踪影。

兽类都迁徙（xǐ）到沙漠的边缘地带，靠近水源的地方去了。鸟类早已把子女抚养长大，带着它们远走高飞了。迟迟不走的只有飞得快的沙鸡。它飞数百千米到最近的小河边，自己饮饱喝足了，再把嗉囊（sùnáng，鸟类的消化器官的一部分，通称嗉子）灌满水后，快速飞回窝里给雏儿喂水，这一场奔波，对它来说算不了什么。但是一旦小鸟学会了飞行，沙鸡也要飞离这可怕的地方。

不怕沙漠的只有我们苏联人民。我们以强有力的技术为武器，在条件具备的地方，开渠挖沟，从远处的高山上引水灌溉，让没有生命的沙漠变成绿色的田野和草地，开辟出花园和葡萄园。

但凡没有人的地方，风就会横行肆虐。风是人类的头号敌害。它搬动干燥的沙丘，掀起沙浪，赶着它们逼近村镇，掩埋屋舍。只有人才对它无所畏惧，人与水和植物联起手，严格地给风设定了边界。在人工灌溉的地方，筑起了树林和草地屏障，青草将无数的根须扎入沙中，让沙寸步难行。

不错，夏季的沙漠和冻土地带完全不同。阳光下，所有的动物都在睡觉。夜里，也只有在黑暗的夜里，一些被阳光折磨得奄奄一息的动物才敢怯生生地出来活动。

从古至今，人类在征服自然的路上从未停歇，劳动人民凭借智慧和勤劳得以生息繁衍。

请收听！请收听！

乌苏里原始森林广播电台

我们这儿的森林令人称奇：既不像西伯利亚的原始森林，也有别于热带丛林。森林中生长的是松树、落叶松和云杉，此外，还有阔叶树，上面缠绕着的是枝条虬结（盘曲交结。虬，qiú）、有刺的藤蔓和野葡萄藤。

我们这里的兽类动物有：驯鹿、印度羚羊、普通的棕熊和黑熊，还有兔子、猞猁和豹子，以及老虎、红狼和灰狼。

鸟类有：文静温和的灰色榛鸡和美丽多彩的雉鸡，灰色和白色的中国雁，叫声嘎嘎的普通鸭和栖息在树上、五颜六色、美丽绝伦的鸳鸯，此外还有白头长喙的白鹳（huán）。

原始森林里白天闷热、昏暗，阳光穿不透茂密的树冠构成的稠密的绿色幕帐。

我们这里的夜晚和白天都是黑漆漆的。

我们这里所有的鸟类现在都在孵蛋或哺育幼鸟，所有的野兽的幼崽都已长大，正在学习觅食。

库班草原广播电台

机器和马拉收割机摆开宽广的队形，在我们辽阔而平坦的田野上行进——大丰收在望。一列列火车运载着白亚尔产的小麦，从我们这里运到莫斯科和列宁格勒去。

雕、鸢（yuān）和隼（sǔn，猛禽，飞得很快，善于袭击其他鸟类）在收割一空的田野上空翱翔。

现在正是它们好好收拾窃取丰收果实的盗贼——野鼠、田鼠、黄鼠和仓鼠——的大好时机，因为现在，即使隔得很远，只要这些窃贼从洞穴里钻出来，就会被它们看得一清二楚，逮个正着。早在庄稼连着根还没有收割的时候，这些可恶的有害小动物吃掉了多少麦穗，想来都叫人吃惊。

现在，它们收拾掉在地上的谷粒，运回去充实自己地下的仓储，供越冬之用。比起猛禽来，兽类也不甘落后。不是吗？狐狸正在收割过的庄稼地里捕捉鼠类。对我们帮助最大的要数草原白鼬，它们正在毫不留情地消灭所有的啮齿类动物。

阿尔泰山广播电台

深谷里闷热而潮湿。在夏季炎热阳光的照射下，早晨的露水很快就蒸发掉了。傍晚的草地上浓雾弥漫。水蒸气升腾，给山崖带去湿气，冷却后凝成了山巅上的白云。抬头望去，黎明前的高山上空云雾缭绕。

白天，阳光把高空中的水蒸气变成了水滴，接着乌云里落下了倾盆大雨。

山顶的积雪慢慢地融化，只有在四季常白的雪山最高峰才保留了终年不化的冰雪。那就是一整片冰雪的原野——冰川。冰川上，在极高的山巅，气候异常寒冷，即使是正午的阳光也不能使冰雪融化。

但在冰川下，雨水和消融的雪水奔腾而下，汇成了湍急的溪流，沿山坡滚滚而下，形成飞溅的瀑布，从山崖上落下，流入大江。这是一年中江河由于大量来水而导致的第二次猛涨，溢出河岸，在谷地泛滥——第一次洪水泛滥在春天。

我们的山区可以说是应有尽有：山下的坡地里是原始森林，往高处是肥沃的草地——高山草原；再往高处，只有苔藓和地衣了，很像遥远的北方寒冷的冻土地带；到了最高处，那是冰雪的世界，成了北极那样终年的寒冬了。

在这样的高山之巅，既没有野兽出没，也见不到鸟类的踪迹。飞临这里的只有身强力壮的雕和秃鹫，它们在云端居高临下，凭借敏锐的双眼发现猎物。但是低处，仿佛在多层的高楼之中，现在已有形形色色的栖息者在安营扎寨，各占据各的层面，各的高度。

最高处，在光秃秃的山崖上，只有公野山羊才能攀登，而稍低处待着的是母野山羊和小羊羔，还有个头儿如火鸡般大小的大山鹑——雪鸡。

在青草肥美多汁的高山牧场，牧放着一群群盘羊——直角的高山绵羊。雪豹跟踪而至。这里还有整群整群身肥体壮的旱獭——草原旱獭——和许多鸣禽。再往低处，原始森林里便是沙鸡、松鸡、鹿、熊等的天下了。

过去只在谷地里种植粮食作物，现在我们在越来越高的山区耕种田地了。那里，耕地不用马，用的是牦牛。牦牛是一种通体披着长毛的高山牛。我们已投入大量劳力，以便获得更好的收成。我们一定能做到！

请收听！请收听！

海洋广播电台

我们伟大的祖国濒临三个无边无沿的大洋：西临大西洋，北依北冰洋，东面是太平洋。

我们坐轮船从列宁格勒出发，经芬兰湾和波罗的海，就到了大西洋。在这里经常遇到外国的船只，有英国的、丹麦的、瑞典的、挪威的，有商船，也有客轮和渔船。人们在这里捕捞鲱鱼和鳕鱼。

出了大西洋我们就来到北冰洋。我们沿欧洲和整个亚洲部分的海岸走上了伟大的北方航线。这是我们的海洋，也是我们的航线。这条航线是我们苏联勇敢的海员开辟出来的。过去它被看作不可通行的，处处是坚冰，充满了死亡的危险。现在我们的船长引领着一支支船队，在强大的破冰船引导下，在这条航线上航行。

在这片荒无人烟的地方，我们见到了许多奇迹。起初漂流而来的是墨西哥湾暖流，接着我们遇到了移动的冰山，在阳光照射下特别耀眼，让人睁不开眼睛。我们在这里捕捞海星和鲨鱼。

此后这股暖流折向北方，向北极流去，于是我们开始遇到一片片巨大的冰原在水面上静静地移动，裂开来又合拢。我们的飞机进行了侦察，给船只通报哪里的冰块之间可以通行。

在北冰洋的岛屿上，我们见到了成千上万只正在换毛的鸿雁。它们处于彻底无助的境地。它们翅膀上的羽毛开始脱落，所以不能飞行。人们走着就能把它们赶进用网围起来的栅栏里。我们见到了长着獠牙的体形庞大的海象，它们正爬上浮冰休息；还见到各种奇异的海豹，如冠海豹，冠海豹突然在头上鼓起一个皮袋子，仿佛戴上了一顶头盔；也见到了满口尖牙、可怕的虎鲸，虎鲸猎食其他鲸鱼和它们的幼崽。

不过，有关鲸鱼的故事留待以后再说——因为当我们进入太平洋的时候，那里的鲸鱼会更多。再见！

我们夏季的"天南地北"无线电通报到此结束。
我们下次广播时间是9月22日。

射靶：竞赛四

1. 夏季从哪天开始（按森林年历）？

2. 什么样的鱼编织窝？

3. 什么小兽会在草丛和灌木丛中编织窝？

4. 哪些鸟儿不做窝，而在土坑和沙窝里哺育小鸟？

5. 这些鸟儿的蛋是什么颜色？见右图。

6. 蝌蚪变成青蛙时先长出哪两条腿，前腿还是后腿？

7. 普通刺鱼的刺是怎样分布的，它身上有多少根刺？

8. 城里的燕子（毛脚燕，尾短）的窝和乡村的燕子（家燕，尾巴开叉）的窝，从外观上看有什么区别？

9. 为什么不能用手去碰鸟窝里的蛋？

10. 雄萤火虫有翅膀吗？请夜里在林子里用玻璃杯罩住一只雌萤火虫。它发出的光能把雄萤火虫引到玻璃杯跟前。

11. 什么鸟儿用鱼骨作窝里的垫子？

12. 为什么很少见到苍头燕雀、红额金翅雀、柳莺在树枝上造的窝？

13. 所有的鸟儿夏天只孵一次雏鸟吗？

14. 我们这里有食肉的植物吗？

15. 什么动物在水下用空气做窝？

16. 小宝宝还没出生，已经被交给别人抚养了，这是什么动物？

17. 雌鹰不怕山高路遥，展开双翅遮住了太阳。（谜语）

18. 倒了森林，起了高山。（谜语）

19. 串串珠宝挂树梢，填饱肚子全靠它。（谜语）

20. 赤身裸体，扑通一声，跳到水里，不见踪影。（谜语）

21. 推也推不开，拿也拿不起，时间一到，自会离开。（谜语）

22. 只见拔草，不编草鞋。（谜语）

23. 没有身子也能活，没有舌头也能说，谁都没见过，谁都听到过。（谜语）

24. 不是裁缝，针儿却永不离身。（谜语）

公告："火眼金睛"称号竞赛（三）

谁住在这里面

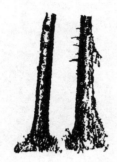

图1

花园里有两个树洞，里面都有小鸟的叫声。经过仔细观察之后，如何辨认哪个洞里住的是什么鸟？

图2

住在地底下的是哪一种看不见的动物？

图3

这些洞穴里住着什么动物？

图4

这个用苔藓做的小屋是什么动物的窝？

图5

图6

两个洞穴很相似，都是同一动物挖的，可住在里面的不是同一种动物。判断一下，每个洞里分别住着什么动物？

请爱护鸟类朋友

孩子们常常去捣毁鸟窝——完全是无缘无故，纯粹是调皮捣蛋。他们就不想想，这会给国家造成多大的损失。科学家测算过，每只鸟儿，哪怕是最小的鸟儿，每个夏天给农业和林业带来的益处约合25卢布。知道吗？每个鸟窝内就有4～24只鸟蛋或雏鸟。算算吧，毁了一个鸟窝，给国家造成多大的损失！

孩子们

　　组织起保护鸟窝的小队，不让任何人破坏鸟窝。不要让猫进入灌木丛和林子，来了就赶走它们，因为猫会捕捉鸟儿，破坏鸟窝。告诉所有的人，为什么要爱护鸟类。因为它们出色地保护我们的森林、田野和花园，它们保证我们的庄稼不受无数难以捕捉的可怕敌害——昆虫的侵害。

哥伦布俱乐部：第四月

布谷鸟行动实验继续 / 总管妈妈 / 皮皮什卡和小雏鸟 / 送给雌黑鸡的礼物 / 横放着的石块下的水 / 诗和自然力 / 担忧

做养母的鸟儿很快就把人家的蛋孵化出来了。在布谷鸟行动实施期间，偶尔也有一些鸟儿把不像是自己的蛋扔出了窝。窝内黄口（雏鸟的嘴）而无助的小鸟一旦孵化出来——不管它的模样有多怪异——没一只鸟儿会欺负它，会不关照它。小雏鸟在别人的窝里出世之后，就要吃的——人家也不管它是不是自己的孩子，照样喂它。

对朱雀实施的布谷鸟行动取得了很大的成功。小个儿养母把五只蛋全孵化出来，开始热心地跟雄鸟（一个红脑袋、红胸脯的帅哥）喂养起雏鸟。朱雀夫妇飞回窝里，迎过来的是五个摇摇晃晃的脑袋，连在五个细绳般的脖子上，眼睛还闭着，头顶上长着细细的绒毛。其中三只是吃虫子的小嘴——石雕、鹟（wēng）和柳莺，两只是食谷物的胖嘴——一只小朱雀和一只苍头燕雀。

不过做父母的并不厚此薄彼，给五只雏儿全都喂了毛虫和其他软软的昆虫。所以，少年哥伦布们就用不着为朱雀窝内的几只毛色各异的雏鸟的生命担忧了。

少年哥伦布还换过一只娇小的鸟蛋——把白鹡鸰的蛋移进普通的麻雀窝里，而把普通麻雀的蛋移进鹡鸰窝里。结果比起鹡鸰来，麻雀早两天就给小鹡鸰喂食，而鹡鸰给小麻雀喂食却推迟了两天。当雏鸟离窝飞得越来越远时，鹡鸰和麻雀凭叫声认出了自己的孩子，这时候真正的父母便轻而易举地领回了各自的孩子。

朱雀也是这样。朱雀只有到雏鸟学会了飞行，飞回自己的亲生父母身边，才不给别家的小鸟喂食。不过朱雀还是留下了自己的孩子，此外在别家窝里孵化出来的小朱雀也回到了它的窝。在少年哥伦布看来，朱雀是最出色的母亲。把鸟蛋在不同窝里调换孵化，不论对成年的鸟儿，还是对雏鸟来说都是完全无害的。

有几名少年哥伦布亲手抚养起小鸟来了。他们直接从鸟巢里取来几只刚刚学飞却羽毛未丰的雏鸟喂养起来。

雷是女孩子中年龄最大的，她心地善良，办事认真，讲究条理且精力充沛，被公认是所有小鸟的总管妈妈。她那个小鸟幼儿园里什么鸟儿都有——小鹀呀，赤胸朱顶雀呀，苍头燕雀呀，大脑袋的小伯劳呀，还有穿得花花绿绿的小啄木鸟呀。跟它们一起的还有几只小猫头鹰——浑身全是绒毛，但长着猛禽的长钩喙，眼睛突出。所有这些"小娃娃"——少年哥伦布们都这样称它们——一大早就饿得叽叽喳喳叫开了，把总管妈妈给吵醒。她转而唤醒了其他女孩子——她们可都是保育员。所有的小鸟及时得到了一份早餐——吃得饱饱的小猫头鹰再也不骚扰自己的小伙伴了。少年哥伦布们的蚂蚁卵饼全是勃列德老爷爷提供的，小猫头鹰常常分得一块新鲜的肉。

男孩子中只有安德参与了给小鸟喂食的繁重工作，但这并不妨碍他同时对"神秘乡"的广泛研究工作。安德用桦树皮做了几只轻巧的小盒子，别在自己的腰间。一只盒子里装满蚂蚁卵饼，其余的盒子放进"小娃娃"，安安心心带着这些小盒子到林子里去。一听到盒子里响起鸟叫声，安德便停下来，坐到最先遇到的树墩上，打开盒子，用木镊子给这些饿得张开小嘴的雏鸟喂食。

科尔克和沃夫克这时候满林子跑，寻找鸟窝，放置捕捉鼩鼱（qújīng）和小型啮齿类动物的捕兽器。这些动物就生活在落叶下面的草丛中，难以发现。他们又在地里深处埋放罐头，里面放上诱饵，罐头的边缘和地面一样高。拉甫在方方面面做他们的得力助手，但是，有时候他突然间如大家说的消失得无影无踪。原来他躲开大家，藏在林中草地的浓密草丛中，或小河边的陡岸上，躺在地上，兴奋之余，一只手支着火红色的脑袋，眼睛死盯着下方神秘的深渊，或仰视无边无际的高空，眼前浮现出一艘艘无形的船只，小船张着想象中的白云船帆，漂流而过，或沉思，凝视着郁郁葱葱的密林，想象一只灰狼背着一位公主，一闪而过，猛地又显现出一座造在鸡腿上的小木屋，或恍惚中见到只有鼻孔，没有背脊的林妖。

猛地拉甫醒悟过来，惊奇地发现，此时已是暮色苍茫时分。他一骨碌跳了起来，嘴里暗自嘟嘟哝哝，合着节拍，挥动一只手，跟跟跄跄地赶回家去。凭着他那一脸沉思的神情，来找他的伙伴一眼就看出，他这一路上准在构思诗歌，就缠着他赶紧说出来听听。每逢这时候，女画家西总是掏出纸和彩色铅笔快速地画出他诗歌的意境。白天她画出风景，晚上补上拉甫诗中的艺术形象。

"幸好，那只是些松林中的松鼠，"她对小姑娘们抱怨起来，"要不怎么能画出他心爱的那些主人公——自然现象呢？你们还记得他那首阴雨天后的四行诗吗？

> 太阳归来了！
> 风，那是天上的清洁工——
> 把天空打扫得一尘不染
> 然后躺下安然入梦。"

"那你就画清洁工吧，"米提出建议，"可不是普普通通的，而是天上实实在在的清洁工——满脸毛蓬蓬的大胡子。"

"还有，他睡觉的时候，"拉补充说，"掉下扫帚，安然地躺在云端上。"

还有，他那首写河上柳树的诗：

> 河岸上的那株奇异的柳树，
> 生有多少长长的尖舌头！
> 岸边秘密知多少……
> 幸好柳树不多嘴又不多舌。

还有描写风的各种诗句：

> 阳光下睡莲警觉地打盹儿，
> 蓦然间风儿拉响了警报！

顿时在睡意蒙眬的水面，
睡莲举起莲叶作为盾牌。

还有：

风萧萧来自下面的悬崖，
岸下的涟漪你追我逐。
一声响亮的尖叫，
吓坏了红嗉子的潜鸟。

吹昏了河岸上方的长舌妇，
风儿上高空，又入河里，
在深深的浪涛中
翻翻滚滚，消失得无影无踪。

小诗将风描写得十分形象有趣，你生活中感觉到的风是什么样子的？不妨也尝试写一首关于风的诗吧。

"那就让科尔克给我瞧瞧长舌妇吧，"西说，"听说，它就待在我们这儿的湖上，周围这样的家伙多得是。可又要吹出口哨，又要兴波逐浪，那样的风怎么画？"

"你就好生想想吧。"雷提醒说，"就像莎士比亚的书里写的，李尔王对他说：'吹吧，风，吹吧，趁着还没有折断脖子的时候使劲吹吧。'就画一张鼓起腮帮子的丑脸得了。"

少年哥伦布们你一言我一语帮着女画家出主意，常常给诗人诗中的形象提建议——整个俱乐部仿佛有了一个诗歌的灵魂。

只有帕甫一个人独来独往。当多拖回来一大堆大树和灌木的枝枝叶叶后，他干脆不再去林子，老把树叶摊在纸上用手压平，又把树叶挪过来，放过去，变换地方，并一一在纸条上编上号——整整好几天都忙着干他所谓的"整理植物标本"。有一天，全体少年哥伦布异口同声地威胁他说，要用绳子拉着他跟大伙儿在一起，说要是整天待在书桌前，干吗千里迢迢跑到这儿来。听了这番话，他突然开了腔，那可笑的样子，说得大伙儿惊呆了：

"你们……这个……从早到晚，上气不接下气……东颠西跑的，可谁也没发现什么。"

"瞧你倒是有发现了！"科尔克不屑地打断他的话，"要说找到了什么，那是多，可不是你。你这个笨脑袋，是块平放着的石头，滴水渗不进。"

"等着瞧吧……我……我可是'渗'进去了！"冷不防帕甫得意扬扬地声称，"我是个坐办公室的科学家……可……可不像你们，老在林子里窜来窜去。我……哎，哎……坐着，坐着，发现的东西更多，哎，哎……比那个蹦来蹦去的多得多。你们听说过一种叫'阿列伊'的树吗？啊哈！没话说了吧！谁也不知道。我翻遍了带来的植物图鉴，哪儿也找不到。翻了'A'部，也翻了'O'部，因为我以为这个词是由'鹿'字来的（俄文的'阿列伊'第一个字母是'A'，'鹿'的第一个字母是'O'，在发音时因该词中的O不带重音，读音如A）。可没有这种树！这就是我的新发现！"

看帕甫那得意劲儿，说起话来都不结巴了。

"有意思。"多表现出了好奇，"你在哪儿见到的？"

"那倒……还……没有见到，听乡亲们说过。要是在近处，我早就见到了。说是在米内耶沃村，离这儿有18千米远。旧社会地主不知从哪里带来的，也许是非洲，要么是澳大利亚。都说树很高大，还产蜜哩，引来了蜜蜂围着嗡嗡叫。多出色的树！产蜜的。天赐的美食——可真是玉液琼浆。"

"既然是从澳大利亚来的，那就不是这里的土著。"小胖子这一发现出人意料，给大家留下很深的

纸上谈兵不会打胜仗，按图索骥不会找到好马。实践出真知，学以致用才是真正的本领。只有走进自然才能了解自然。

印象，沃夫克想泼点冷水，"再说你自己哪怕树枝也没见着一条——反正我们信不过你的'发现'。"

"那就更有意思了，"帕甫瞧也不瞧他一眼，打断了他的话，"这可是从遥远的国家引进来的，听说长得可高了。要想看树顶，非把头上的帽子看掉下来不可。那都是些百年古树。"

第二天早晨，沃夫克拿来了一只小獾，大家对帕甫的意外发现一下子就没了兴趣。

村里的孩子在林子里指给沃夫克看了一个有许多出入口的獾洞。沃夫克很有耐心，没等天亮就爬到树上去观察獾洞。他在树枝上一坐就是好几个小时，最后耐不住肚子饿，他想下树了，突然——这时已近中午——一只母獾从洞里探出小脑袋，晃了晃，又不见了……过了约莫五分钟，它又从洞里爬出来，嘴里叼着一只小獾。母獾把小獾放到草丛间的一块空地上晒阳光，自己回洞里去了。

沃夫克以为母獾会再衔一只出来。

不过他没等母獾出来，就从树上爬下来，到了小獾跟前，抓住它的脖子，赶快跑了！

沃夫克想把小獾送给米，可米没有领情，她说爸爸妈妈不让她把这样的动物养在家里。等你和它有了感情，到头来还是要送到动物园里去的。于是沃夫克把小獾给了讨好地看着自己的拉。

拉能亲手喂养小獾该多高兴！可是小家伙野性十足，对自己的抚养人还不习惯。最初几天，拉的手指都包扎上了，一不留神，缺管教的小獾就让自己的抚养人看看自己的牙齿有多厉害。不过，应该看到，拉很勇敢，很有耐心，坚强地忍受着疼痛，在同学面前硬是不流泪，不让大家看到一双伤痕累累的手！她一次也没揍过自己的"皮皮什卡"，连轻轻地拍一下也没有。

小獾不习惯与人亲近，如果是你，你会怎样教导小獾？

"要是在教育皮皮什卡的过程中，用了体罚，"拉解释说，"那就败坏了它的性格。我的叔叔米沙·马里谢夫斯基——你们知道吗？他就在莫斯科的家里的四楼养着一只很有名气的雄狐，《星火》杂志上还登过它的照片呢——我的马里谢夫斯基叔叔常说，要是他当了教育部部长，就让所有的幼儿园老师首先要学会如何教育幼兽，然后再去教小孩子。他常说，一般来说，不论是人还是兽，甚至鸟儿，幼小的时候都一个样。他们需要的是爱，对他们要有耐心和恒心。马里谢夫斯基叔叔就是这样教育自己的狐狸的。在果戈理大街的街心花园里的那些小家伙——还记得那张照片吗？他们把手指放到它嘴巴里，拉拉它的舌头，可它——那只野兽，压根儿就没咬他们，连咬的念头都没动过。"

　　可不是吗，过了两三天，小獾不但不再咬人，还让自己的抚养人拎住脸蛋儿，抓住脖子，打滚，甚至玩的时候把它抛上空中。小兽对她表现出充分的信任，时刻离不开她，像狗一样，老跟着她。

　　已是7月20日，雌鸟抱窝的季节就要结束。几乎所有的鸟儿都已孵出了小鸟。冷不防米和雷跑了来，激动不安地说，林子边的灌木丛下找到了一个雌黑琴鸡的窝，里面有五只蛋。

　　"怎么回事？"雷觉得很奇怪，"狩猎的季节很快就要开始了，松林里所有野鸟的雏鸟都已长大，可这个傻瓜还搁着蛋没孵呢！"

　　"明摆着，它的第一窝蛋毁了，"塔里·金说，"今年春天的天气糟透了。鸡呀，鸭呀，陆地上所有的飞禽把蛋全都孵了。可冷不防受到严寒天气的袭击，一窝蛋全毁了。可还有第二茬，又孵上了，所有的蛋又毁了！这只雌黑琴鸡看来是第三次坐窝了。这么着，咱们接过手来吧，也算是再试一次布谷鸟行

　　对待小动物要有耐心，拉的耐心换得了小獾的信任。

动吧。"

塔里·金去了鸡舍，把一只五彩鸡从鸡笼里赶了出来，拿出一只蛋。雷和米跑进林子，把这只白色的鸡蛋跟黑琴鸡黄褐色的蛋放在一起，换走了一只黑琴鸡蛋。

回到家，黑琴鸡蛋冷冷的，原来是只孵不出雏鸟的蛋。

"我听到了，"米说，"我们黑琴鸡的蛋内已有小鸡在叽叽叫了。"

"有意思，"塔里·金说，"这会有什么结果呢？黑琴鸡窝里那个白蛋很显眼。敢情黑琴鸡接纳下它了？"

"明摆着，"安德说，"它准会丢下窝的。孵呀孵，结果还是个孵不出来的蛋——什么也孵不出来。到底还是要人把能孵的蛋放进去才行。明摆着——它吓坏了。"

吃晚饭的时候大家边吃边说了上面的一番话。科尔克、米和西早在白天就到湖上去了，不知在什么地方耽搁下来还没有回来。

吃完了饭，还不见他们。天快暗了。黑夜来了。

米、西和科尔克还是没有回来。

（待续）

育雏月
（夏二月）

7月21日至8月20日　　　　太阳进入狮子座

一年——分 12 个月谱写的太阳诗章

　　7月——正是盛夏时节，它不知疲倦地装扮着大地上的一切。它命令黑麦低头对土地鞠躬致敬。燕麦已长袍加身，而荞麦却连衬衫都没穿。

　　绿色植物用阳光塑造自己的身躯。成熟的黑麦和小麦像金灿灿的海洋，我们把它们储藏起来，够一年食用。我们为牲畜储备好草料。你看，无边的青草已被割倒，堆起了小山似的草垛。

　　鸟儿变得沉默寡言，它们已顾不上歌唱了。各个鸟窝里已有雏鸟出没。它们出生时赤条条的，眼睛还没有睁开，需要父母长时间照顾。但是大地、水域、森林，甚至空中，到处有小鸟的食物——喂饱它们绰绰有余。

　　森林里，处处都是小巧玲珑而汁水横溢的果子：草莓、黑莓、越橘和茶藨子。在北方，生长着的是金黄色的桑悬钩子；南方的花园里有樱桃、草莓和甜樱桃。草场脱下金色的裙子，换上洋甘菊的花衣裳——白色的花瓣好反射掉灼热的阳光，因为现在这个季节可不能小觑生命的创造者——太阳的威力。她的爱抚反而会把受抚者灼伤。

动物宝宝出生了，森林里开始热闹了起来。你知道动物们是怎样抚育幼崽的吗？有的动物可以为自己的幼崽拼尽全力，但有的幼崽却没有那么幸运，刚出生就被父母丢弃到一旁。对了，上个月留下的疑问：为什么小小田鹨的蛋和大个头儿的鹫的蛋差不多大呢？让我们一起寻找答案吧。

森林里的小宝宝

谁有几个小宝宝

罗蒙诺索夫市城外的大森林里，有一头年轻的母驼鹿，今年生下了一头小驼鹿。

同一座森林里，还有一个白尾雕的窝。窝里有两只幼雕。

黄雀、苍头燕雀和黄鹂各有五只幼雏。

蚁䴕（啄木鸟科，常啄木搜索蚁类和蛹，也在地面觅食，有益于农林。䴕，liè）有八只雏鸟。

长尾山雀有十二只。

灰山鹑有二十只。

刺鱼窝里每只卵孵出一条小刺鱼，共孵出100条小刺鱼。

欧鳊鱼有数十万个宝宝。

大西洋鳕鱼的宝宝更是数不胜数，也许有100万条之多。

孤苦伶仃的小宝宝

欧鳊和大西洋鳕鱼对自己的儿女压根儿不关心。它们产下卵就一走了之，听凭小娃娃自生自灭，这也是众所周知的事。可不是嘛，一下子产下了数十万个孩子，它们能照顾得过来吗？你说它们该怎么办？

一只青蛙只有1000个孩子——即使这样，它也不想担负起照料儿女的重任来。

孤苦伶仃的小宝宝日子确实不好过。水底下有许许多多贪嘴的怪物，它们就爱吃可口的鱼卵和青蛙卵，爱吃小鱼和蝌蚪。在没有长成大鱼、青蛙前，有多少幼鱼和蝌蚪夭折了，它们面临多少危险啊，想想都让人害怕！

可怜父母心

不过，母驼鹿和所有的雌鸟都称得上是操心的好妈妈。

母驼鹿为了自己的独生子女甚至愿意献出自己的生命。即使熊胆敢攻击它，它也会前后蹄并用，又踢又蹬，乱蹄之下，米什卡（俄国人对熊的谑称）再也不敢靠近小驼鹿了。

我们的记者有一次在田野里偶遇一只小公山鹑，就从他们脚边蹿了出来，一溜烟儿地跑进草丛躲了起来。

记者捉住了它，它就没命地叽叽叫起来！小山鹑的妈妈不知从哪里突然冒了出来，一见儿子被人抓住，急得团团转，叽叽咯咯叫个不停，身子伏在地上，耷拉下翅膀。

记者还以为它受伤了，忙丢下小山鹑，跑过去看它。

母山鹑在地上一瘸一拐地走着，记者眼看着用手就能逮住它，可是只要一伸手，它就闪到一边。他们就一直追呀追呀，冷不防母山鹑的翅膀一扑腾，从地上飞了起来，大模大样地从人眼前飞走了。

记者转身来找小山鹑，可连个影子也没见着。原来是当妈妈的为了救儿子，装出受伤的样子，把人从儿子身边引开。它对自己的孩子个个都爱护备至，它一共有20个子女。

鸟儿的劳动日

天刚蒙蒙亮，鸟儿就展翅忙碌开来了。

椋鸟一昼夜要干17小时的活儿，城市里的燕子要干18小时活儿，雨燕每天干活儿的时间是19小时，而红尾鸲干活儿要超过20小时。

我去查了查，这都是事实。

是呀，它们想少干活儿可不行。

知道吗？雨燕要喂饱自己的儿女，每天来来往往回巢送食物不能少于30～35次，椋鸟大约是200次，城市里的燕子高达300次，而红尾鸲则要450次之多！

一个夏季，鸟类消灭掉的森林害虫和它们的幼虫到底有多少，谁也算不清！

鸟类可是时刻不停地在劳作呀！

驻林地记者　H.斯拉德科夫

田鹬和鵟孵出什么样的幼雏

图中画的是刚破壳而出的幼鵟（kuáng，外形像老鹰，但尾部羽毛不分叉，全身褐色，尾部稍淡。吃鼠类等，是益鸟）的像。它的喙上有个白色小疙瘩，称为"卵齿"。当它要破壳而出的时候，就用"卵齿"啄破蛋壳。

待到幼鵟长大后，就会成为极残忍的猛禽——啮齿类动物的克星。

可是现在它还是个小娃娃，毛茸茸的，半闭着眼睛，挺逗人的。

它显得那么软弱无助，娇嫩无力，寸步也离不开父母。要是父母不来给它喂食，准得饿死。

不过，鸟类中也有从小好斗的，刚从蛋里孵出来，马上就会蹦蹦跳跳，转眼就会去找东西吃。它们不怕水，来了敌人自己也会躲起来。

下图是两只小田鹬。它们孵出来刚一天，就能离开窝，自己出来找蚯蚓吃了。

所以田鹬的蛋才那么大，好让小鸟在蛋里快快长大。（参看第四期《森林报》）

前面说到的小山鹬也是好斗的主儿，一出世就能健步如飞了。

还有一种野鸭——秋沙鸭，也是如此。小秋沙鸭刚出世，就摇摇晃晃地往河里跑，"扑通"一声钻到水中，优哉游哉地游起来。它会扎猛子，还会稍稍挺起身子站立在水面上伸伸懒腰，完全像个成年鸭子。

相比之下，旋木雀的女儿可娇气了。它在窝里一待就是整整两个星期，飞出来就赖在木桩上不肯动弹。

瞧它那模样儿，一脸的不高兴，它在怪妈妈怎么还不回来喂食，它饿着呢。

它都三个星期大了，还爱叽叽喳喳叫唤个不停，张着嘴盼着妈妈把毛虫和其他好吃的东西塞进来呢。

科特林岛上的聚居地

在科特林岛的沙滩上，一群小海鸥待在那里避暑。

一到夜里，它们就在小沙坑里睡觉。一个坑睡三只。整个沙滩满是坑坑洼洼，成了很大的海鸥聚居地。

白天它们学飞行、游泳，在大哥哥、大姐姐带领下捕捉小鱼小虾。

年长的海鸥一边当老师，一边机警地保护自己的孩子。

敌人逼近时，它们就成群结队地飞上天，发出一阵阵响亮的叫声和呐喊声，向敌人扑过去——这架势，谁见了都害怕。

雌雄颠倒

我们收到来自辽阔的祖国各地的稿件，报道他们与一些奇异的鸟儿相遇的情况。

这个月，人们在莫斯科郊外、阿尔泰山区、卡马河畔和波罗的海及雅库特和哈萨克斯坦等地方都见到了一种鸟儿。这种鸟儿很可爱，毛色很艳丽，很像城里卖给年轻钓鱼人的那种鲜艳的漂子。这种鸟儿不怕人，即使你离它只有 5 步的距离，它也会在近岸的地方畅游，丝毫没有害怕的样子。

这时节别的鸟儿都待在巢里孵化小鸟，可这种鸟儿已成群结队周游全国了。

怪的是，这种毛色艳丽的小鸟都是雌鸟。其他的鸟儿，都是雄的比雌的鲜艳、美丽，而这种鸟儿则相反，雄的灰不溜秋，雌鸟却色彩缤纷。

更怪的是，这种鸟儿的雌鸟对自己的孩子完全不管不顾。在遥远的北方冻土带，雌鸟把卵产进坑里后，就飞走，不再回来了！雄鸟则留下来孵蛋、哺育，保护小鸟。

简直是雌雄颠倒！

这种鸟儿叫鹬——圆喙瓣蹼鹬。到处都能见到这种鸟儿：今天在这里能见到，明天在那里也能见到。

阅读链接

雌雄颠倒的动物

圆喙瓣蹼鹬是很奇特的鸟类，这种奇特性表现在：雄鸟与雌鸟的形态和分工恰好和普通鸟类的常态相反，孵化和抚育幼雏是雄鸟的责任。自然界中也有其他的动物是由雄性抚育幼崽的，例如：水雉、大马哈鱼、生活在加勒比海的黄头鳄鱼、生活在南美洲的箭毒蛙、生活在南极的企鹅，还有有着育儿袋的海马。

看似平静的森林里其实发生了很多事儿，鹪鹩夫妇养育了一只被别人偷偷放进窝里的弃婴，结果弃婴却恩将仇报……母熊日子过得很悠闲，小熊迫不得已帮助自己的弟弟妹妹们洗澡。黑琴鸡、转头鸟凭借自己的智慧躲过一劫……

林间纪事

残忍的雏鸟

瘦小温和的鹪鹩在窝里孵出六只赤条条的细小雏鸟。其中五只长得像模像样，而第六只则成了丑八怪——浑身包着一层粗糙的皮，青筋毕露，脑袋大大的，一双眼睛蒙着薄膜，鼓了起来，一张开嘴，准会吓你一跳，因为那张大嘴简直是个无底洞。

出生后的第一天，它还老老实实待在窝里。只有在鹪鹩爸妈飞回来喂食时，它才艰难地抬起沉甸甸的大脑袋，有气无力地吱几声，张开嘴，意思是喂喂我吧！

第二天清晨，冷飕飕的，父母都出去找吃的东西，它开始动弹了。它低下头，抵住窝里的地面，两条腿分得很开很开，身子开始往后退。

它退着退着，撞上了其中一位小兄弟，便往对方的身下钻。它把自己光秃秃的弯翅膀往后一伸，像把钳子，紧紧地夹住这个小兄弟，背着它不断往后退，一直退到了窝边。

它的这个小兄弟又小又弱，眼睛还没睁开，躺在它的背上，就像落到一只勺子里，不断挣扎着。而这丑八怪用头和腿抵着，把对方抬起来，越抬越高，直把它抬到了窝的边缘。

这时候丑八怪运足了力气，猛地一掀屁股，把小兄弟抛出了窝外。

鹡鸰的巢就筑在河岸上方的悬崖上。

这只赤条条的小鹡鸰"啪"的一声跌在鹅卵石上，摔死了。

狠毒的丑八怪自己也差点儿摔出窝去，它在窝边上摇摇晃晃，亏得有个大脑袋，才保持住了平衡，身子终于跌回了窝里。

这一恐怖的事件前后只用了两三分钟。

这时候丑八怪已筋疲力尽，在窝里一动不动，足足躺了一刻来钟。

父母飞回来了。丑八怪伸出青筋毕露的脖子，抬起沉甸甸的脑袋，耷拉着眼皮，若无其事地张开嘴，吱吱叫唤起来，喂喂我吧！

吃饱了，歇够了，它又打起另一位小兄弟的主意来了。

这一次可没那么轻易得手——小鹡鸰激烈反抗，多次从它背上滚下来，可丑八怪不愿就此罢休。

过了五天，它的眼睛睁开了，看到窝里只剩下它自己一个——其他五个兄弟全被它挤出窝外摔死了。

它出世后的第十二天，身上终于长满了羽毛，到了这时才真相大白，原来可怜的鹡鸰夫妇养育的是一只被别人偷偷放进窝里的弃婴——布谷鸟。

可是它可怜巴巴地叫唤着，叫声多像它们死去的几个孩子，你看它抖动翅膀，叫得那么惹人怜爱，乞求吃的。娇小、温柔的鹡鸰夫妇难以拒绝它的哀求，不忍丢下它活活饿死。

鹡鸰夫妇自己过着半饥不饱的日子，忙得顾不上填饱肚子，从早到晚，夫妇俩忙着为丑八怪送肥壮的毛虫，不惜将头伸进它那宽大的嘴中，将食物送进贪得无厌的喉咙里。

鹡鸰夫妇一直把丑八怪喂养到秋天，丑八怪这才飞走。此后，它再也没有回来看望这对鹡鸰夫妇。

小熊洗澡

一天，我们熟悉的一位猎人在林间一条小河岸上走着。走着走着，突然听到很响的枯树枝断裂的声音，他惊慌之余爬上了树。

密林里出来一头棕色大母熊。和大母熊一起的是两只快活的熊崽和一只小熊——熊妈妈一岁的儿子，小熊充当了两只熊崽的保姆。

母熊坐了下来。

小熊用牙齿叼住一只幼崽的后颈，把它往河水里泡。

熊崽尖声高叫起来，不停地蹬着腿，但小熊就是不松口，这才给熊崽痛痛快快地洗了个澡。

另一只熊崽害怕洗冷水澡，吓得扭头往林子里钻。

小熊追上了它，给了它一巴掌，然后像对第一只熊崽那样，也把它往水里泡。

洗呀，刷呀，小熊一阵忙乎，一不小心松了嘴，熊崽落进水里。熊崽吓得大喊大叫起来。母熊见状赶忙跑了过来，把熊崽拖上了岸，又狠狠赏了大儿子一记耳光，打得这可怜的孩子嗷嗷叫。

两只熊崽回到岸上，觉得这个澡洗得非常舒心，因为今儿的天气十分闷热，穿着一身毛茸茸的皮大衣太难受了。洗了澡，凉快多了。

几只熊洗完澡后，消失在林子里。猎人爬下树，回家去了。

浆　果

各种各样的浆果成熟了。大家忙着采集园子里的马林果、红的和黑的茶藨子，还有醋栗。

林子里也能找到马林果。它以灌木丛的形式生长。从这样的灌木丛中穿过去，免不了折断它脆弱的茎条，脚底下跟着响起噼里啪

啦的声音。但这不会给马林果造成损伤，现在挂着果子的这些枝条，只能活到冬季之前。很快就会有新枝接替枯枝。

瞧，那么多的嫩枝从地下根生长出来。枝条毛茸茸的，缀满了花蕾，到了来年夏季，就该轮到它们开花结果了。

在灌木丛和草丘上，在树桩边的采伐地残址上，越橘快要成熟了，浆果的一侧已经变红了。这些浆果一簇簇的，就长在越橘枝条的顶端。有的树丛里大簇大簇的果子，密密麻麻，沉甸甸的，压弯了树枝，都碰到地面的苔藓了。

我多想挖来一簇这样的树丛，移栽到自己的家里，用心培育，这样结出的果子是不是更大一些呢？但是目前还没有"失去自由"的越橘栽种成功的例子。越橘可是种有意思的浆果植物。它的果子能保存一冬仍可食用，只要给它浇上凉开水，或捣碎做成果汁就好了。

为什么这种浆果不会腐烂呢？因为它自身已做过防腐处理了。它含有苯甲酸，苯甲酸有防腐作用。

H. M. 帕甫洛娃

猫奶妈和它的养子

我们家的猫春天产下了几只小猫，但都被人抱走了。恰好这天我们在林子里捉到一只小兔子。

我们把小兔子带回家，放到猫的身边。这只猫奶水很足，所以它很乐意给小兔子喂奶。

就这样，小兔子吸猫奶长大了。

猫和兔子友好相处，连睡觉都在一起。

最可笑的是，猫教会它收养的兔子如何跟狗打架。只要狗一跑进我们家的院子，猫就扑过去，怒气冲冲地用爪子抓它。兔子也跟在后面跑过来，用前爪擂鼓似的敲它，打得狗毛一簇簇满天飞。四周所有的狗都怕我们家的猫和它喂养大的兔子。

小小转头鸟的诡计

我们家的猫看见树上有一个洞，心想那准是个鸟窝。它想吃鸟儿，便爬上树，把脑袋伸进树洞，看见洞底有几条小蝰蛇在蠕动，扭来扭去的，还发出咝咝声呢！猫吓坏了，从树上跳下来逃之夭夭！

其实树洞里根本没有蛇，只有几只转头鸟的幼雏。这是它们为保护自己免受敌害而变的一套戏法。你看它们的脑袋转过来转过去，脖子扭过来又扭过去，像极了蛇的脖子。与此同时，还像蛇那样发出咝咝声，谁见了这架势都害怕。小小的转头鸟就是用模仿毒蛇的方法吓唬敌人的。

一场骗局

一只大鵟看中了一只雌黑琴鸡和整整一窝毛茸茸的浅黄色的小黑琴鸡。

大鵟心想：一顿午餐就要到手了。

它看准了目标，正要自上而下猛扑过去，不料雌黑琴鸡发现了它。

雌黑琴鸡一声惊叫，刹那间，所有的雏鸡不见了。大鵟东瞧瞧，西望望，就是不见雏鸡的影子，仿佛全钻到地下去了。这下它只好去找别的猎物充饥了。

雌黑琴鸡又叫了一声，四周蹦蹦跳跳出来一群毛茸茸的浅黄色小黑琴鸡。

原来这群小黑琴鸡哪儿也没去，它们只是就地躺下，身子紧紧地贴着地面。谁有这个能耐分得清哪是小黑琴鸡，哪是树叶、草和土块呢？

吃虫的花朵

蚊子在池沼上空飞呀飞，飞累了，口渴了，张眼一看，见到了一朵花儿。花茎绿绿的，上面摆着一只白色的小铃铛。下面呢，茎的四周是一丛红艳艳的叶子，模样像圆盘子。圆圆的叶子上长着茸毛，上面闪烁着亮晶晶的露珠。

蚊子在叶子上停了下来，小嘴插到露珠中。露珠黏黏的，像胶水，粘住了蚊子的嘴。

冷不防那些茸毛全都动了起来，像触手，伸了出来，抓住了蚊子。圆叶子闭合上，蚊子也不见了。

过了一会儿，叶子又张开来，掉下来蚊子干瘪的躯壳。原来蚊子的血全被花儿吸光了。

这是一种可怕的花儿，凶狠的花儿，名叫茅膏菜。茅膏菜专捕小昆虫充饥。

水下打斗

水下的那帮小家伙也和陆地上的小家伙一样，爱打斗。

两只青蛙跳进了池塘，看见了一只怪模怪样的蝾螈（róngyuán）蝌蚪，瘦长的身子，大大的脑袋，四条腿短短的。

"瞧，多可笑的丑八怪！"青蛙想道，"得狠狠揍它一顿。"

一只青蛙抓住蝾螈的尾巴，另一只抓住它的右前腿。

两只青蛙就这么一拽，蝾螈的腿和尾巴全留在它俩那儿，可蝾螈蝌蚪逃走了。

过了几天，青蛙又在水下遇见了这只蝾螈。现在它已长成一只真正的丑八怪：尾巴没有了，却长出了一只爪子，而在断了爪子的地方长出了尾巴。

蝾螈比蜥蜴的本领更高强，腿断了，能长出新腿，尾巴没了，还能生出新尾巴来。只是有时候会乱了套，在断肢的地方会长出与原来肢体不符的东西来。

帮忙的不是风，不是鸟，而是水

我忍不住想说说景天开花时的情景。我很喜欢这种小植物。我尤其喜欢它那肥厚的、圆鼓鼓的灰绿色的叶子，长得密密麻麻，连叶子的茎条都看不到了。景天的花儿太漂亮了，红艳艳的，像一只只亮晶晶的五角星。

现在这个时节见不到景天的花儿了。花儿已结出了果实。果实也是扁扁的五角星，紧紧地闭合在一起。但这并非说种子没有成熟，景天的果实晴天时总是闭合着的。

我要让它立刻张开来。先从水洼里取些水来，一小滴足够了。把小水滴滴在小五角星的中央。现在，我的目的达到了：果壳慢慢展开，马上露出了种子。不像其他怕水的种子，景天的种子遇水也不躲避，反而出来迎接。再滴上两滴，种子就顺着水掉下来。水托着种子，带着它散播出去。

帮助景天传播种子的不是风，不是鸟，不是任何动物，而是水。我见过一棵景天长在陡峭的岩石缝里。这是流经岩壁的雨水把景天的种子带到了那里。

H. M. 帕甫洛娃

景天种子的传播不是依靠我们熟知的风和动物，而是依靠水，你还知道哪些奇妙的传播种子的方式？

矶凫

我到湖里去洗澡，看见一只矶凫（fú）在教孩子怎么躲开人。矶凫像只船在水上浮动，而它的孩子在潜水。小矶凫钻进水中，大矶凫就游到小矶凫下潜的地方，东张西望。最后它们在芦苇丛旁钻出了水面，游进了芦苇丛中。我就洗起澡来。

驻林地记者　波波夫·瓦连京

别具一格的果实

老鹳草是一种杂草，却能结出别具一格的果实。它长在园子里，其貌不扬，表面毛糙，开的花，像马林果的花，很一般。

这时节它的一部分花已经凋谢。在每个花萼上突出个"鹤嘴"。每个"鹤嘴"就是五颗尾部连在一起的果实，但很容易就把它们分开。好别具一格的果实，尖尖的头，满身刺毛，长着小尾巴。长在末端的小尾巴呈镰刀形，下面卷成螺旋状。这个螺旋遇潮就会变直。

我把一颗果实放在掌心里，对它呵了口气，它就旋转起来，弄得手痒痒的。的确，它不再是螺旋状，而是变直了。但是在掌心里放了一会儿后，它又卷了起来。

这种植物为什么玩这套戏法呢？原因是，果实在落下时会扎进土里，可是它的小尾巴用镰刀形的末端勾在小草上。在潮湿的天气里，螺旋变直，尖头的果实就扎进土里了。

果实再也不可能从土里出来了，因为刺毛上翘着，顶住上面的泥土，堵住了出路。

老鹳草就这样自己把种子播到地里，这一招真叫巧妙！

若问它的尾巴有多灵，一个事实就能说明：过去它就被用作水文测量仪来测量空气湿度。人们将它的果实固定住，小尾巴当作指针，根据小尾巴的移动状况就可看出空气的湿度了。

H. M. 帕甫洛娃

老鹳草虽然其貌不扬，但是它结的果实却会"变戏法"。果实上的小尾巴不仅帮助自己扎实地扎进土里，还给人们启发，帮助人们测量空气湿度。真的是"别具一格"的果实呢。

小凤头鹛鹣

我走在河岸上时，看见了水上有一种鸟儿，不像野鸭，也不像别的鸟儿。我心里直纳闷儿：这些到底是什么鸟儿呢？不是吗，野鸭的嘴是扁平的，可这些鸟儿的嘴却是尖尖的。

我麻利地脱掉衣服，游过去抓它们。它们一见我就避到对面的岸边，我便紧追过去。刚要被我抓住，它们又游回到这边的河岸！我再回头去追，它们又躲开我。就这样追来追去，我跟着它们顺流追去，追得我筋疲力尽，好不容易才游回岸上，最终还是抓不到一只！

此后我多次见到这种鸟儿，可再也不敢下水去抓了。看来这不是野鸭，很像是鹛鹣的孩子。

驻林地记者　库罗奇京

摘自少年自然界研究者日记：

夏末的铃兰

铃兰花是纯洁与幸福的象征，法国人有互赠铃兰的礼节，意为互相祝愿一年幸福。

8月5日。我家园子旁的小溪对面长着铃兰。在所有的花卉中，我最喜欢的就是这种花儿。铃兰5月开花，大科学家林耐（1707~1778，瑞典博物学家，动植物分类法的创始人）给它取的拉丁文名字叫谷地百合。我喜欢它，是因为它朴实无华，铃铛似的花朵白得像晶莹剔透的瓷器，碧绿的花茎柔韧如丝，长长的叶子凉爽滋润；我喜欢它，是因为它的花香袭人，整朵花儿又是那么清透纯洁，朝气勃勃。

春天，我大清早就起来，涉水过溪，去采摘铃兰，每天都会带回一束鲜花，插在水中，于是一整天我的小木屋里就芬芳四溢。在我们列宁格勒郊外，铃兰是6月开花。

现在已是夏末，心爱的花儿又给我带来了新的喜悦。

偶然间，我在它尖头的大叶下发现一种红红的东西。我跪下来展开它的叶子，看到叶面下有些坚硬而带椭圆形的橙红色小果实。它像花儿一样漂亮，我禁不住想用这些小果实穿成耳环，送给我所有的女友。

驻林地记者　维丽卡

天蓝的和碧绿的

8月20日。今天我起了个大早，望了望窗外，不禁失声叫了起来——草色竟是这等蔚蓝！野草被露水压弯了腰，晶莹闪烁。

如果把白色和绿色颜料掺和起来，得到的是天蓝色。正是点缀在碧草上的露水，使它呈现出天蓝的颜色。

几条绿色的小径穿过蓝色的草地，从灌木丛通向小板棚。这时，一群灰色的山鹑趁大家睡觉的时候，跑来吃村里的谷物。因为板棚里有一袋袋粮食。瞧，它们就在打谷场上——蓝色的母鸟，胸口有一道咖啡色半圆形的花纹。它们的嘴不停啄着，发出连续不断的笃笃声。趁大家还在睡觉，赶紧吃呀。

更远处，在林子的边缘，还未收割的燕麦地里，也是一片蔚蓝。那里有一位猎人，手拿着枪，在走来走去。我知道，他这是在守候黑琴鸡的雏鸟，它们在妈妈的带领下离开林子，到田里来吃个饱。有它们出没的地呈现出一片绿色，因为它们来来去去时把露水抖落了。猎人没有开枪，显而易见，因为黑琴鸡妈妈带着一窝儿女及时撤回林子里了。

驻林地记者　维丽卡

只要多加观察，就会发现许多有趣的自然知识。

请爱护森林

要是干燥的森林遭到闪电袭击，那就要遭殃了。要是有人在森林里扔下一根没有熄灭的火柴，或没有踩灭篝火，那也闯下大祸了。

正旺的火苗，像条细细的蛇，从篝火里爬出来，钻进了苔藓和干枯的树叶中。突然火苗又从那里蹿出来，火舌舔到了灌木丛，再向一堆干枯的树枝奔去……

作者将火苗比喻成细蛇，让我们感受到火苗蔓延速度之快。

要立刻采取措施，这可是林火！火小、势弱的时候，你自己也许可以处置。那就快折下一些鲜树枝，扑打小火，使劲扑打，别让它变大，别让火势蔓延到别处！呼唤别人来帮助。

森林被称为地球之肺，通过植物的光合作用吸收二氧化碳并排出氧气，使人类可以获得新鲜空气，发生林火不仅对我们的自然产生影响，还会威胁我们的生命财产安全。

如果身边有铁锹，哪怕有根结实的棍子，就用这些工具挖土，用泥土和草皮来灭火。

如果火苗已从地上蔓延到了树上，那就已经蔓延成一场真正的大火，也可以说是高空大火了。赶紧跑去叫人来扑救吧，赶紧发出警报吧！

‖ 成长启示

大鸳看中了一只雌黑琴鸡和整整一窝毛茸茸的浅黄色的小黑琴鸡，抓捕的一瞬间所有的雏鸡都不见了，原来是雌黑琴鸡告诉小雏鸡们赶紧趴下，用自己的保护色来躲避敌害。雌黑琴鸡遇到危险时的沉着冷静值得我们学习。遇到事情的时候不要慌张，要冷静地思考对策。反之若慌慌张张，会弄巧成拙害了自己。

‖ 要点思考

1. 联系上文并查阅资料，说说你还知道动物哪些躲避敌人的方法。

2. 读完《吃虫的花朵》一文，请你说说为什么蚊子会被吃掉。

我们的记者在上一块采伐地看到第二年的战争以山杨和白桦的完全胜利而告终。当他辗转来到第三块采伐地——现在已经被山杨和白桦牢牢地控制在手中——云杉仍不死心，每年都会把种子播撒到林中的空地上，让我们一起去看看云杉怎么样了。

林间战事（续前）

　　我们的驻林地记者辗转来到了第三块采伐地。10年前采伐工在这里砍伐过树木，现在这块地盘控制在山杨和白桦手中。

　　胜利者不允许别的植物闯进自己的领地。每年春天，草类植物试图从地下钻出来，但很快就被阔叶铺就的浓荫所窒息，活不下去。云杉树每隔两三年结一次种子，再把这些种子散播在林中的空地上。但是云杉种子还是见不到天日，因为白桦和山杨把它们摧残死了。

　　幼树时时刻刻在长大，又粗又密地挺立在林中空地上。它们渐渐感到太拥挤。于是，彼此之间也发生了争斗。

　　棵棵树木都想在地下和空中争得更多的空间。它们长高了，变粗了，觉得地盘不够了，便排挤起自己的邻居来。这块采伐地变得更加拥挤，一场争斗在所难免。

　　强壮的树木凭着自己的身高优势压倒了孱（chán）弱的树木，因为它们的根更粗壮，枝条伸得更长。就有那么一棵强壮的小树，它的枝条高高伸到邻树的顶上，把对方遮盖得严严实实，使对方再也长不高，再也见不到天日。

　　在遮天蔽日的树荫下，最后一批体弱的小树死了。矮小的草类终于破土而出。这时候它们对大树已构不成威胁，那就让它们蔓延吧，也好借此给自己保保暖。然而，胜利者自己的后代——种子落到这块又暗又潮的地牢里，憋闷而死了。

但是云杉仍痴心不改，继续不断地每两三年把自己的种子空投到这片草木丛生的林中空地上。胜利者对这些小不点儿不屑一顾，它们奈何得了自己吗，让它们在地牢里苟且偷生吧。

小云杉终于有机会破土而出了。它们生活在潮湿而黑暗的环境里，日子不好过，但毕竟得到了赖以成长的阳光。它们长得又细又弱。

但是在这样的地方，风不来欺负它们，不会把它们从土里拔出来。即使在暴风雨发作时，白桦和山杨被刮得呼呼响，身子东倒西歪，而大树下却安然无恙。

地面上有的是养分，也挺暖和。在这里，不像在空旷的空地上，小云杉不会受春季早霜和冬季严寒的侵袭。进入秋天，白桦和山杨开始落叶，地上的落叶腐烂，提供了热量。野草类植物也奉献出温暖。小云杉需要的是耐心，来忍受地牢里遥遥无期的昏暗日子。

小云杉并不像白桦和山杨那样喜好阳光，它们能承受昏暗，顽强地生存下去。

我们的记者同情它们。

他们又辗转到第四块采伐地去了。

我们期待着他们的后续报道。

马上就到收获的季节了，人人都有事情做，农庄里一片繁忙的景象。我们的记者去调查了变黄的土豆地是怎么回事……另外，我们收到了领航员基里尔·马尔德诺夫来自远方的信，他为我们讲述了小岛的故事。

农庄纪事

收割庄稼的季节到了。我们农庄的黑麦和小麦地一望无际，恰如无边无涯的大海。高高的麦穗又饱满又壮实，里面麦粒多得喜人。庄员们付出的劳动结出了硕果。很快，金色的谷物源源不断地流入国家和农庄的粮仓之中。

亚麻也已成熟。庄员们都去收割亚麻了。这件农活是由机器来完成的，拔亚麻用的是拔麻机。

用机器可快多了！女庄员跟在拔麻机的后面，把倒下的亚麻捆起来，把捆好的亚麻一排排放好，再堆成垛，每垛十捆。很快，整个田野里满是亚麻垛，恰如一列列兵阵。

公山鹑和母山鹑一起，只好领着自己所有的子女从秋播黑麦地里转移到春播作物地里。开始收割黑麦了。在收割机的钢牙铁齿下，一束束饱满壮实的麦穗倒伏在地。男庄员把它们扎起来，堆成垛。麦垛堆在田地上，恰像列队接受检阅的运动员。

菜地里的胡萝卜、甜菜和其他蔬菜也成熟了。庄员们把它们运到火车站，再由火车运送到城里去——这些日子，城市居民人人都能吃上新鲜可口的黄瓜、甜菜做的红菜汤和胡萝卜馅饼。

农庄里的孩子们去林子里采蘑菇、成熟的马林果和越橘。凡是有榛子林的地方，就少不了采榛果的孩子们。他们采呀摘呀，直采得口袋装得满满的，才恋恋不舍地离开。

大人们却顾不上去采坚果，庄稼需要收割，亚麻得在打谷场上敲打，耕过的土地还得用机器耙上一遍，因为很快就要播种越冬作物了。

森林的朋友

在卫国战争（即苏德战争，是指1941年至1945年苏联军民抗击法西斯德国及其盟国侵略的战争，是第二次世界大战的重要组成部分）期间，我国的许多森林被毁了。林业部门正千方百计恢复森林。我们的中学生便是这方面的帮手。

为了栽种新的松林，需要数百千克的松果。孩子们在三年之内就采集到了七吨半的松果。他们帮助整理好土地，照料种下的树苗，护林防火。

驻林地记者　亚历山大·察廖夫

人人都有事可做

早晨天刚亮，庄员们全在干活儿了。哪儿有大人，哪儿就少不了孩子。割草场、田头、菜地，都有孩子们帮着庄员干活儿。

孩子们扛着耙子来了。他们快速地把干草耙拢来，装上大车，运往农庄的干草房。

孩子们也不放过杂草，他们在亚麻地和土豆田里拔除了苔草、滨藜、木贼等杂草。

到了收割亚麻的时候，孩子们抢在机器到来前赶到田地里。

他们拔掉了田头地角的亚麻，以便拖拉机拐弯。

在收割过的黑麦地里，同样也有他们干的活儿。孩子们把收割后落下的麦穗耙拢，收集起来。

普斯科夫州斯拉夫科夫区"广阔田野"农庄

集体农庄新闻

H. M. 帕甫洛娃

"红星"农庄寄来了稿件。他们在报告中说："我们这里一切进行得都很顺利。庄稼成熟了，很快就要把它们割倒在地。你们再也不用为我们操心了，甚至用不着看望我们了。缺了你们，我们也对付得了。"

庄员们听了大笑起来。

"好像不是这码子事！能不看望田地吗？马上就有大堆的活儿要干了！"

拖拉机和联合收割机开到了地里。联合收割机可是多面手：收割、脱粒、簸扬，哪样都能干。联合收割机开到田里的时候，黑麦长得比人高。联合收割机从田里开走的时候，田里只剩下低矮的残株了。联合收割机交给庄员们的是干干净净的谷物。庄员们把它们晒干，装进麻袋里，运去交给国家。

变黄了的田地

我们的一位记者到"红旗"农庄去采访。他注意到，这个农庄里有两块土豆地，其中一块大一些，深绿色；另一块很小，变黄了。第二块地里的土豆茎叶枯黄，好像要死了。

我们的记者决定去查查，到底是怎么回事。他把结果给我们做了如下报道：

昨天变黄的地里来了一只公鸡，刨松了地里的土，招来几只母鸡，用新鲜的土豆款待它们。一位路过的女庄员见了这情景，笑着对同伴说："你瞧瞧！彼佳（俄罗斯民间故事中常称公鸡为'彼佳'）倒是抢先来挖咱们早熟的土豆了。看来它知道咱们要到明儿才来挖呢。"

从这一段话可以知道，变黄的土豆——早土豆，已经成熟了，所以茎叶才变黄。而在暗绿色的大田里种的是晚熟的土豆。

林中简讯

农庄林子里长出了第一株白蘑。这个白蘑好不壮实，好不肥硕！

白蘑伞上有个浅坑儿，周围挂着湿漉漉的穗子，上面沾了许多松针。白蘑四周的泥土是拱起来的。只要挖开这里的土，就能找到许许多多、大大小小的卷边乳菇！

远方来信

我们坐船在喀拉海东部航行，四周是浩渺无垠的水域。

突然，索具兵叫了起来：

"船头正前方，有一座倒立的山！"

"他不是在说梦话吧？"我心想，爬上了桅杆。

没错，我清清楚楚看到，我们的船正驶向一座岩石嶙峋的岛屿，岛屿倒悬在空中。

山崖悬空，头朝下，脚向上，没有任何东西撑着。

"我的朋友，"我自言自语道，"你这不是脑子出毛病了吗？"

这时，我猛地想起了"折射现象"四个字，禁不住笑了起来。这真可算是奇妙的自然现象。

这里，在极地海域常出现光的折射现象，也就是海市蜃楼。空中会突然出现倒立的远方海岸和轮船，这就是它在大气中颠倒的映象，就像在相机的取景框里看到的景象。

数小时后，远方的海岛离我们很近了。这海岛自然没有打算要头朝下倒悬起来，而是全部山崖稳稳当当地矗立在水中。

船长确定了方位，看了看地图后说，这是比安基岛，位于诺登舍尔德群岛的海湾入口处。这个岛是为了纪念一位俄国科学家，也就是瓦连京·科沃维奇·比安基（本书作者维塔里·瓦连季诺维奇·比安基的父亲）而命名的，《森林报》也是为了纪念他而创刊的。所以我认为，你们也许对这是一座什么样的岛、岛上都有些什么感兴趣。

这个岛是由岩礁、巨大的漂砾（lì）和片石堆积成的。岛上既不长灌木，也不生草，有的地方只有淡黄和白色的小花，耀人眼目，再就是岩石背风向南的一面，覆盖着地衣和短短的苔藓。这里的苔藓很像我们那儿的松乳菇，嫩而多汁。这样的苔藓是别的地方见不到的。在坡度平缓的岸滩上，堆积着一堆堆漂来物，也就是原木、树干和木板，也许都是数千千米外的大洋送来的吧。这些木材都非常干燥，弯起手指轻轻一敲，就会发出咚咚声。

现在是 7 月底，这里的夏季刚开始。但岛旁照样静悄悄地漂过一块块的冰和不大的冰山，在阳光照射下闪烁着耀眼的光芒。这里经常有浓雾，而且低低地压在海面上，所以海上过往的船只，能看到的只有桅杆。不过，过往的船只非常稀少。岛上没有人烟，所以这里的野兽压根儿不怕人——只要你随身带着盐，就可以往它们的尾巴撒去（"往尾巴上撒盐"是俄语中的一个成语，文中的意思是："谁也不可能惹得野兽惊慌不安。"）。

比安基岛是不折不扣的鸟类天堂。这里虽然见不到鸟集市的场面——数万只鸟儿密密麻麻在山崖上筑集的景象，但在岛上自由自在安家落户的鸟儿也为数不少。在这里，筑集的有数以千计的野鸭、大雁、天鹅、潜水鸟，还有各种各样的鹬。聚在它们上方光秃秃的山崖上的是海鸥、海鸠、暴风鹱。这里的海鸥形形色色：有白鸥和黑翅鸥，有小小的红鸥和叉尾鸥，也有以鸟蛋、小鸟和小兽为食的硕大而凶猛的北极鸥。这里还有身躯庞大的北极猫头鹰。有着美丽的白翅、白胸的雪鹀飞到高空，云雀般婉转啼鸣。北极云雀，长着黑胡子，头上有尖尖的黑色角状毛，在地上边跑边唱着歌。

那么野兽呢？多着哩！

我带上早餐，在岸上，也就是海岬（jiǎ）后面坐了坐。坐着坐着，就见到大群的旅鼠在四周蹿来蹿去。这是一种小型的啮齿类动物，毛茸茸的，毛色灰、黑、黄相间。

岛上有许多北极狐。我在岩石间就见到一只。只见它偷偷摸摸地靠近一只还不会飞的海鸥雏鸟。海鸥冷不防发现了北极狐，便成群结队冲了过去，叫叫嚷嚷，好不热闹！小毛贼一见这阵势，便夹起尾巴落荒而逃。

这里的鸟儿都有一套自卫的本事，善于保护自己的子女不受野兽欺凌，害得野兽只能过着忍饥挨饿的日子。

我转而向海上眺望。水面上也有许多鸟类在浮游。

我吹了声口哨。突然，近在岸边的水下钻出了一个个光溜溜的圆脑袋，一对对深色的眼睛好奇地盯着我看，像是在问：哪来这样的怪物，他吹口哨干吗？

这些是环斑海豹，一种体形较小的海豹。

接着，在更远处的海面上出现一只很大的海豹——髯海豹。再后来出现的是长着胡须的海象，个头儿比髯海豹还要大。猛地，它们全都钻到水底下消失了。与此同时，只听得鸟儿鸣叫起来，纷纷飞向空中，因为这时候从水下伸出一个脑袋，一头北极熊正从岛旁游过来。北极熊是北极地区最强大、最凶猛的野兽。

我觉得饿了，便去找早餐。我清楚记得早餐就放在身后的石块上，可就是找不到，石块底下也没有。

我霍地站了起来。

石头下蹿出一只北极狐。

小偷，小偷！准是小偷偷去了！是小偷偷偷摸摸过来，偷走了我的早餐，你看，它的牙齿间还夹着灌肠面包的包装纸呢。

瞧，这里的鸟类居然把体面的兽类逼到如此不堪的境地！

远航的领航员　基里尔·马尔德诺夫

基塔·维里坎诺夫讲的故事

钓鱼人的故事

我喜欢在河岸或湖岸边垂钓，静悄悄地坐着，一动不动，用不着惊扰任何人，看到的却是周围许许多多的景物。野兽和鸟类对此也习以为常，也许有些动物还以为我压根儿就是一个不会喘气的木桩，于是无所畏惧地爬了出来。难怪我看到的尽是些稀奇古怪的事儿！至于鱼儿吃不吃食，有没有胃口，已不是我首要考虑的事。只要看到什么有意思的事儿，我就不会再去注意鱼漂子了。常常还会有这样的时候，我脑子东想西想，想着想着，慢慢地什么也不想，不知不觉间，打起了盹儿来。

就说上次吧——那是夏初的时候——我就坐在湖畔的峭壁下。阳光暖洋洋的，照得我忘了钓鱼，径自打起盹儿来。后来差不多睡过去了，险些从树墩上跌落下来。我一个激灵清醒过来，往四周看了看，唯恐被人看见笑话自己。附近倒没有什么人影，头顶上只有雨燕在飞来飞去，在空中捕捉蚊子，然后向悬崖飞去了。悬崖上有它们的巢穴——它们产蛋的地方。

我低头看了看草丛，老天爷！我这不是来到克雷洛夫（1769—1844，俄国寓言作家）老爷爷的寓言世界了吗？我的脚底下居然有一只蜻蜓，还有一只蚂蚁！停在草茎上的蜻蜓湛蓝湛蓝的，张着翅膀，就像一架小飞机。它停在那儿，像是在听蚂蚁说些什么。勤劳的蚂蚁在蜻蜓的鼻子底下，晃动小触须，一本正经地在向对方讲解着什么。也许说，整个夏天可不能光唱唱歌、跳跳舞就打发过去——得为越冬做准备了！蜻蜓呢，"嗯"的一声就飞走了，后来落在我的鱼漂子上。

这不，我笑话了它们一顿，然后抬起头，看见远处河下游的岸上，有什么东西在闪闪发光。那是什么东西？我拿起望远镜看了看——望远镜是钓鱼人必备的器具，我一直随身带着——老天爷，那是一只白色的海鸥，正停在树桩上！它可不是像通常那样用脚站着，而是像狮子那样趴在台座上。知道吗，在列宁格勒的海军部大厦，在宫廷大桥边上，狮子就是这样趴着的。

它这是玩的什么把戏？

我拿着望远镜东张西望，只见树墩上方露出的是它的头，尾巴呢？就在那儿，还有那儿……它们怎么全聚在一起了，疯了不成？

我看了这情景心慌意乱起来，胸口有点儿发紧，心想："得先吃点儿东西充充饥了。"

我从家里带来一小篮麝（shè）香草莓果，饿的时候可以拿来充充饥。我三两下把果子清洗干净。好可口的果子，吃起来不亚于草莓！

我坐着打量了一眼湖面，心里渐渐平静下来。岸边绿草青青。正是这一片绿色使人在心慌意乱的时候平静下来，这比喝缬（xié）草酊（dīng）还管用。

湖岸上长着各种各样的芦苇，不是吗？有的顶着像玻璃灯泡似的褐色大穗子，有的像竹子，长着硬实的管状茎，有许多节，有尖尖的长叶子。此外，还有一种软软的芦苇。用手指一掐，茎里面软软的，像海绵，完全没有叶子。水面上的植物真是千奇百怪！

欣赏罢这一片绿色的世界，我转而看了看渔竿上的漂子，漂子像是被什么东西拉了一下，猛地一下沉入水中，不见浮起来。

"好啊，上钩了，"我心想，"看来是条大鱼。"

我跳了起来，赶紧扯鱼竿。扯了几下，硬是扯不动。鱼竿弯成了弧形，可还是没有把鱼拉出水面。这时候只得遛鱼，同时慢慢地收线。我把鱼线往身边不停地拉着，扯着。显然，水底下肯定是条黑乎乎的大家伙，可到底是什么，我看不清。

用力再那么一拉，好家伙，上来的竟是头野兽！模样真叫怪：圆圆的脑袋，满是胡子，身子胖胖的，还有尾巴！哎呀，到底把这怪东西拉上了岸。一看，真叫人吃惊：那尾巴就像一把大铁锹！

我一见这家伙，心就凉了大半截：我拉上来的居然是珍稀动物，这下可吃不了兜着走啦！这个傻瓜蛋居然挡不住诱惑，把做鱼饵的蠕虫吞下去了，这下可好，得请大夫给它动手术了！

看来这是河狸，一只小河狸。幸好鱼钩吞得不是很深，我轻轻松松地就从它嘴里把鱼钩取了出来，再把它放回湖里。它的尾巴在水面上拍打几下，拍得我心头一震！

都说钓鱼是件气定神闲的事。瞧我这一钓，好个气定神闲！我这不是把全湖的鱼儿吓跑了吗？鱼儿都有这样的特性，一旦挣脱了鱼钩，就要向同类通报信息："当心，那儿有个钓鱼的，别去那地方，更别吃那儿的虫子，虫子连着钩子呢！"鱼儿当然不会在水下叫喊，像人那样互通信息，可它们到底是有所谓的"信息系统"，有什么第三还是第几的感觉吧？

反正它们始终能互报险情。河狸的铁锹似的大尾巴在水面上这么一拍——虽说它不是鱼，也足以让所有的鱼儿明白，它这是警告说："能逃命就快逃命吧！"

我拿起了鱼竿，因为我知道，这个地方现在再待下去是不会有好结果的。于是我沿着湖岸往前去，来到了一个灌木丛前。我刚扔下鱼竿，灌木丛里钻出一只小鸟，朝着我迎面扑来，嚷嚷着："切伊？切伊？切伊？（音译，意为'谁家的？'）"叫声活像金丝雀，模样也像金丝雀，只是不如金丝雀漂亮，浑身红褐色。它的喙像麻雀的喙。

面对这场面我自然而然立刻想到，附近准有它的雏鸟。我放下鱼竿，走进灌木丛。找了一小会儿，真的见到了鸟窝！窝里果然有一只浅褐色的小鸟，和刚才见到的一模一样，睁着一双大眼睛，怯生生地打量我，却不飞走。

我用手指轻轻地碰了碰它，它这才飞走。

我朝鸟窝一瞧，老天爷！窝里有五只蛋。大小一个样，可颜色全不同！一只是淡蓝色的，夹杂着黑色的小斑点，另一只通体有小红斑，第三只带灰斑点，第四只是浅蓝绿色的，第五只是纯粉红色的。那简直是色彩的大拼盘！

大自然的奇迹令我惊叹不已。我赶紧掉头离开灌木丛，免得惊扰这位奇妙的小妈妈，它千万别丢下这窝蛋才好！

我回去找鱼竿，发现那只英勇的小鸟又出现了，看来是从另一个方向飞过来的。我沿着它飞来的方向去找鸟窝，它干脆跟我玩起了捉迷藏。它叫起来，声音一会儿低，一会儿高——我走近鸟窝的时候，它的叫声就高。这倒好，让我很快就找到了它的老窝。窝是麦秸搭成的，就在灌木丛中，与搭在醋栗丛中的窝一模一样。窝离地面不远，一米多点儿。这个窝里已有小鸟，都是小雏鸟，身上光秃秃的没一根毛，眼睛还没有睁开。它们的妈妈担惊受怕，唯恐我来掏它的窝，便飞过来直啄我的手，啄呀啄，不停地啄。

"瞧你，"我心想，"真是条好汉！不过别惹恼了我，我要是一掌拍下去，你准成肉酱。得了得了，小家伙，别啄了！"

我稍稍退到了一边，在灌木枝条上捉了各种各样的毛毛虫来到窝前，把毛毛虫放在手心里，给鸟妈妈递了过去。想不到它居然明白我的用意，飞到我的手上，捉住了一条毛毛虫，飞回去给了自己的孩子。它把毛毛虫塞给第一个张开嘴的孩子，接着它又回到我的掌心。

难道这不是件怪事？一只你完全陌生的鸟儿突然飞到你跟前，冲你嚷嚷着，啄你，但是当你递给它毛毛虫，它竟心平气和地从你手中叼走食物，去喂自己的孩子。现在，当它看到我对它没有所谓的"心怀叵测"，就让我安安稳稳地坐下来钓鱼，结果鱼儿还是没有上钩。

我坐呀坐，一直干坐着，猛听得林子里的布谷鸟叫了起来。听到这一声声哀怨的鸟声，我的心都快碎了。这种时候，我禁不住想起了老奶奶那凄凉的古老儿歌：

> 远处的小河边，
> 布谷鸟声时断时续：
> "布——谷！布——谷！"
> 为痛失自己的孩子，
> 可怜的鸟儿在声声哭诉！

是的，谁不为失去自己的孩儿而伤心断肠！
我拿起鱼竿回家去了。

基塔·维里基坎诺夫

虽然这个季节禁止狩猎，但允许捕猎专欺弱小的猛禽、危险和有害的动物，它们总是闹得庄员们不得安宁。但是，森林里猛禽的种类这么多，该如何分辨哪些是人类的朋友，哪些是人类的公敌呢？报纸宣布8月初就可以开猎，猎人们早已经摩拳擦掌，跃跃欲试了……

狩猎纪事

在幼鸟还没有长大，没有完全学会飞行的时候，怎么可以狩猎呢？别打幼鸟。这个时节，法律禁止捕猎鸟兽。

但是夏季里，允许捕猎专吃林中幼小动物的猛禽，也允许捕猎危险和有害的动物。

黑夜惊魂声

夏夜里，外出时，常听到林中传来咕咕声和哈哈大笑声，听了不由令人心惊肉跳，背上直起鸡皮疙瘩。

要不就是在阁楼里或屋顶上，黑暗中响起不明物体嘶哑的声音，似乎唤你跟着去：

"来——吧！来——吧！上墓地去！"

紧接着，在黑漆漆的半空亮起两个绿莹莹的光点——两只邪恶歹毒的眼睛，一个无声无息的影子从眼前一闪而过，险些触到我的脸上。这时候怎不叫人胆战心惊？

由于恐惧，人们才不喜欢鸮和猫头鹰。刚才就是夜里猫头鹰在林子里发出的尖厉的笑声，纵纹腹小鸮则发出不祥而险恶的唤声：

"来——吧！来——吧！"

甚至在大白天，它们也会从暗黑的树洞里突然伸出一只长着黄晃晃大眼睛的脑袋，钩状的喙大声啄着，把人吓一大跳。

如果夜里家禽突然骚乱起来，鸡呀，鸭呀，鹅呀，在窝里叫个不停，发出"咯咯""嘎嘎""呷呷"声，到了早晨，主人点数时发现家禽少了，免不了要怪罪猫头鹰和鸮，认为是它们在作怪。

光天化日下的打劫

庄员们不但在夜里，而且在光天化日之下也被猛禽搅得吃尽了苦头。

抱蛋的母鸡一不留神，小鸡就被老鹰叼了去。

公鸡刚上篱笆，鹞鹰"嚓"的一声一下子就把它抓住了！鸽子一从屋顶上飞起，隼就从天而降，冲进鸽群，一爪子下去，立即就鸽毛飞扬。隼抓住被害死的鸽子，顿时消失得无影无踪。

所以要是猛禽被庄员们撞见了，他们一气之下，便不分青红皂白，对凡是长钩子嘴、长爪子的鸟儿格杀勿论。他们说干就干，把周围的猛禽消灭得一干二净，但很快就后悔不迭：地里的田鼠不知不觉地大量繁殖起来，黄鼠会把整片庄稼吃光，野兔也不放过所有的白菜。

这下子，不懂算账的庄员们在经济上的损失就大了。

谁是敌，谁是友

为了避免这种事再发生，首先就要学会分清猛禽中哪些是有害的，哪些是有益的。有害的猛禽袭击野鸟和家禽；有益的是另一些，它们消灭田鼠、黄鼠和其他使我们蒙受损失的啮齿动物，以及螽斯（昆虫，身体绿色或褐色，善跳跃，对农作物有害。螽，zhōng）、蝗虫等有害昆虫。

就拿猫头鹰和鸮来说吧，不管样子多可怕，它们几乎都是益鸟。有害的只是猫头鹰中个头儿最大的那些——长着两个大耳朵、体形巨大的雕鸮和体大头圆的林鸮。不过，这两种鸮也捕食啮齿动物。

常见的猛禽中，数鹞鹰危害最大。鹞鹰分两类：个头儿大的苍鹰和个头儿小的（较瘦小，比鸽子略大）鹞鹰。

鹞鹰和别的猛禽很容易区分。鹞鹰呈灰色，胸脯上有波浪形花纹，头小额低，淡黄的眼睛，翅圆尾长。

鹞鹰身强力壮，极其凶猛，能杀死个头儿比自己大的猎物，即使在吃饱的时候也不假思索地残害其他鸟类。

老鹰的力气不如鹞鹰，根据末端开叉的尾巴就可轻而易举区分哪个是老鹰，哪个是别的猛禽。老鹰不敢贸然攻击大型野禽，只是四处张望，看哪里能叼走一只笨头笨脑的小鸡、小鸭，哪里能找到动物的死尸。

大型的隼也是害鸟。

隼长着镰刀形的尖翅膀，它是鸟类中飞得最快的，往往捕杀飞行中的猎物，以避免捕杀落空时自己胸脯着地而撞死的危险。

最好不要捕杀小型的隼，因为有多种小型隼是有益于我们的。

比如说红隼，也就是俗称的"抖翅鸟"。

经常在田野上空见到棕红色的红隼。它悬在空中，仿佛有一根线把它挂在云端，同时抖动翅膀（因此被称作"抖翅鸟"），因为这样好看清草丛中的老鼠、螽斯和蝗虫。

雕的害处大于益处。

捕猎猛禽

有害的猛禽允许全年捕杀。捕杀的方法多种多样。

窝边捕猎

窝边捕猎是最简便的捕猎方法，但也很危险。

大型猛禽为保护自己的幼雏，会叫嚷着直接向捕猎者扑过来。这时候只好近距离射击，动作要快，当机立断，否则眼睛会被啄瞎。但是，鸟巢不容易找到。雕、鸲鹰、隼把自己的窝设在无法攀登的山崖上，或莽莽林海的高树上。雕鸮和巨大的林鸮把巢筑在山崖上，或茂密的原始森林的地面上。

潜　猎

雕和鸲鹰常停在干草垛、白柳或孤零零的枯树上，窥视猎物。这时候只能用远程步枪、用小子弹射击。

带只雕鸮去打猎

带上一只雕鸮，好捕猎喜爱白天活动的猛禽。

猎人常在小丘上插一根带横档的杆子，又在离木杆几步远的地方栽一株枯树，并在附近搭一个小棚子。

一早，猎人带上雕鸮来到这里，让它停在杆子的横档上，拴住它，自己躲进棚子里。

用不了太久，鸲鹰或隼只要发现这可怕的怪物，就会立刻向它扑去，因为雕鸮往往在夜里出来打劫，它们恨不得让仇敌血债血偿。

鸲鹰或隼在雕鸮周围盘旋一阵之后，向它发起攻击，停在枯树

上，向盗贼叫喊个不停。

雕鸮是被拴住的，只好竖起浑身羽毛，眨巴着眼睛，钩喙啄得笃笃响。

被惹怒的猛禽顾不上注意棚子，这时候你尽管朝它们开枪吧。

黑夜里

夜里猎杀猛禽最有意思。雕和其他猛禽在哪儿过夜是不难被发现的。比方说，雕就在没有山崖的地方，通常在孤立的大树梢睡觉。

猎人选择一个较黑的夜晚，找到那样一棵大树。

这时候雕在熟睡，猎人就能摸到树下而不被发觉。猎人出其不意，拿出随身带来、事先点亮而遮盖起来的灯（电筒或电石灯），把一束强光射到雕的脸上。雕被突如其来的光惊醒，但睁不开眼睛，只能眯着。它什么也看不见，不知是怎么回事，呆呆地停在那儿。

树下的猎人却看得一清二楚，瞄准之后，开枪便是。

夏季开猎

从7月底开始，猎人们就跃跃欲试，急不可耐了。他们很是焦急：眼看着一窝窝小鸟、小兽已经长大，可是州执行委员会还没有把开猎的日期确定下来。

这一天终于盼来了，报纸上宣布今年对森林和沼泽地野禽、野兽的捕猎期从8月6日开始。

人人都备足了弹药，反复多次检查了猎枪。5日，下班之后，城里所有的火车人满为患，个个都扛着猎枪，牵着猎狗。

这儿的狗应有尽有！有短毛猎狗，也有尾巴像树枝一样笔直的向导狗。它们什么样的毛色都有：白色带黄色小斑点的，黄色带花斑的，咖啡色带花斑的，白色但眼睛、耳朵、全身夹杂黑色花斑的，深咖啡色的，全身乌黑发亮的。有长毛、尾巴像羽毛的塞特狗，毛色白白的，全身布满泛着蓝光的黑色小斑点，还带有几块黑色大花斑；有"红色"的塞特狗，浑身火黄，红里带黄的；以及大型塞特狗，它们身体重，行动迟缓，全身黑色，并带有黄色小花点。所有这些狗都属于追踪狗，培育它们的唯一目的是在夏季狩猎中对付整窝的新生野禽。它们全都要学会一旦发觉野禽便就地伺伏，也就是待在原地不动，等候主人到来。

还有另外一些小型狗，毛长，腿短，两只长耳朵几乎耷拉到地上，尾巴只有短短的一截。这是西班牙猎犬。它们不伺伏，但带着它们便于在草丛和芦苇里打野鸭，在林中杂草丛生、难以通行的地方打黑琴鸡。

无论在水里，还是在稠密的灌木丛里，西班牙猎犬都能从各个角落把猎物赶出来，把打死或打伤的猎物衔来，交给主人。

大部分猎人都坐近郊列车下乡，每个车厢里都有猎人。车上的乘客无不注意他们，欣赏他们的猎犬。车厢里人们谈论的话题都离不开野禽、猎犬、猎枪和打猎的事迹。于是猎人个个都觉得自己成了英雄好汉，面对这些乘车不带枪、不带猎狗的"普通百姓"自觉风光无限。

6日晚和7日晨，还是同样的火车，把同样的客人往回送。可是，唉！许多猎人的脸上再也见不到扬扬自得的神情，背上的背囊瘪瘪的，好不可怜。

"普通百姓"对不久前的英雄笑脸相迎。

"野味哪里去了？"

"落在林子里了。"

"让它们飞到海外送死去了。"

但是见到一位在一个小站上车的猎人，人们无不发出赞叹的窃窃私语，因为他的背囊鼓鼓的。猎人对谁也不看一眼，径自找可以落座的地方，很快有人给他让了座。他大模大样地坐了下去。但他的邻座眼睛很尖，向全车厢的人宣告：

"哎……你的野味怎么长的是绿爪子？"说着，毫不客气地把对方的背囊揭开一角。

背囊里露出云杉的树枝梢头。

真叫人无地自容！

▌成长启示

由于猛禽总是吓人以及骚扰农庄里的家禽，庄员们一气之下不分青红皂白，对凡是长钩子嘴、长爪子的鸟儿格杀勿论，把猛禽消灭得一干二净。这样虽然阻止了猛禽对农庄里家禽的骚扰，却导致了田地里农作物敌害的增长，农作物损失严重。大自然有自己的生态链，我们不应该破坏，打乱它原本的自然平衡。

▌要点思考

1. 你了解大自然的食物链吗？请查阅资料讲述给小伙伴们听。

2. 没打到猎物的猎人为什么要把云杉树枝放到袋子里？你对此怎么看？

射靶：竞赛五

1. 鸟儿通常在什么时候有牙齿？

2. 什么样的奶牛吃得更饱，有尾巴的，还是没有尾巴的？

3. 为什么人们称这种蜘蛛为"割草蛛"（见右图）？

4. 一年中哪一季猛兽和猛禽吃得最饱？

5. 哪一种动物出生两次，却一次就死了？

6. 哪一种动物成年前出生三次？

7. 为什么人们用"像水从鹅身上淌下"来形容那些无关紧要的事？

8. 为什么狗感到热时会吐出舌头，而马不会？

9. 什么鸟儿不认得自己的母亲？

10. 什么鸟儿在树洞里会像蛇那样发出咝咝声？

11. 如何根据喙的形状区分老年的和年轻的白嘴鸦？

12. 哪种鱼在自己的孩子长大前一直照料它们？

13. 蜜蜂在用刺蜇过别的动物后，它自己会怎么样？

14. 新生的蝙蝠吃什么？

15. 中午时，向日葵的"头"朝哪个方向？

16. 公羊在山上走，母羊在田埂上溜；公羊叫一声，母羊眨眼睛。（谜语）

17. 早晨，田野是天蓝的，为什么到了下午就变绿？

18. 几个戴红帽子的老头站着，谁走近，谁就点头鞠躬。（谜语）

19. 身穿红衫子，立着细杆子，亮亮的肚子，满是石子。（谜语）

20. 从树丛里发出咝咝声，走起路来扭身子，张嘴朝你脚上咬。（谜语）

21. 躺在地上睡大觉，一到早晨没了影。（谜语）

22. 哪种动物在林子里不用斧头造房子，造出的房子没棱没角？

23. 眼睛长在角上，房子扛在背上。（谜语）

24. 花朵美如天仙，爪子像魔鬼尖尖。（谜语）

公告："火眼金睛"称号竞赛（四）

猜谜语
谁是父亲，谁是母亲，谁是孩子
请帮帮无家可归的小动物

    本月是育雏月。我们常常会见到坠落窝外或失去母亲的幼鸟。它趴在地上，或无可奈何地把头往灌木丛和草墩里钻，想躲开你这个可怕的、两条腿的庞然大物。可它的小腿虚弱无力，还不能飞，又不知道往哪儿躲的好。你当然会抓住它，把它捧在手心里，仔细打量起来，心里猜想：

    "你是什么鸟儿，小家伙？是什么品种？你的妈妈在哪儿？"

    可它只是叽叽叫个不停——叫得好响，好凄惨，一听就知道，它这是在呼唤妈妈。你也想让它回到妈妈身边，可问题是，它们是什么鸟儿呢？

    你禁不住张开嘴巴，犯难了：怎么办呢？你还是闭上嘴巴，睁大眼睛吧。不错，要弄清它是什么鸟儿可不是件简单的事。你看它们小不丁点儿，一点儿也不像自己的父母。再说，鸟爸爸和鸟妈妈彼此长得就不像。不过，你不是有一双火眼金睛吗？仔细看看，小雏鸟长着什么样的脚和什么样的喙，再在成年的鸟儿身上找相似的脚和喙——雌的和雄的都可以。它父母的羽毛可能不一样，不过雏鸟身上压根儿就没毛，要么长着的是绒毛，要么干脆赤条条。但可以凭着喙和脚认出它的父母来。这样你就能把无家可归的小鸟还给它们的父母了。

辫子鸟雄黑琴鸡

之所以叫它辫子鸟，是因为它尾巴上有两根弯曲的小辫子。不过，你还是别看小辫子的好，因为雌黑琴鸡是另一种形状的尾巴，而小黑琴鸡压根儿就没有什么尾巴。

嘎嘎叫的野鸭子

喙是扁平的，幼鸭和公鸭一个样儿。脚趾间有蹼。仔细看看这层蹼，别把鸭子和潜水的鹏鹧混淆了。

雌苍头燕雀

和所有会唱歌的鸣禽一样，苍头燕雀的幼鸟出壳时，个儿小小的，浑身赤条条的，软弱无力。它的父母无论体形，还是个头和尾巴上，彼此很相似，只有毛色不一样。根据爪子的形状就可认出苍头燕雀来。

红脚隼妈妈

猛禽的喙显得很凶猛——钩形的，爪子上有利爪。幼隼的爪子也一样。

潜水的䴙䴘

这是雄鸟，雌鸟与雄鸟很相似。从趾间的蹼和喙很容易认出幼鸟来——与野鸭完全不一样。

图1

图2

图3

图4

图5

图6

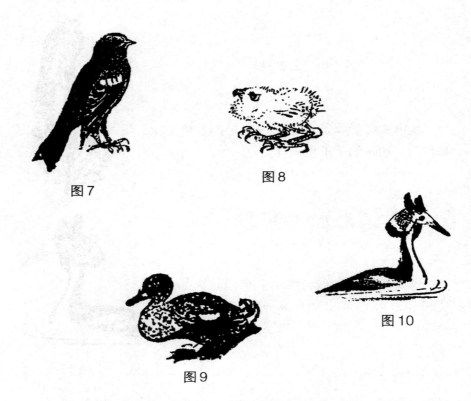

图 7

图 8

图 10

图 9

　　以上有五种不按顺序排列的鸟儿的幼鸟，以及它们各自的爸爸或妈妈的图片。请拿一张纸，把它们按这样的顺序临摹下来：鸟爸爸画在幼鸟的左边，鸟妈妈画在幼鸟的右边。

哥伦布俱乐部：第五月

寻找失踪者 / 恐怖之夜 / 地狱美洲 / 野公鸡 / 雨燕归去

夜漆黑漆黑的，下着雨，没一个少年哥伦布去睡，其中数沃夫克最激动。他坐立不安，满屋子乱转，像只关在笼子里的野兽。他时不时冒着雨往湖边跑。据塔里·金推测，米、西和科尔克就宿在普罗尔瓦湖（"普罗尔瓦"有"深坑""无底洞"的意思）岸上的村子里。沃夫克一再坚持："我觉得米出事了，准发生了不幸的事儿。难怪这湖名听起来很不吉利！"

窗外终于露出姗姗来迟的曙光，少年哥伦布们全体出动，去寻找失踪的人。他们已做出决定，直接到普罗尔瓦湖畔的别列若克村去找，但沿途要在湖周围的密林里仔细找找。

雨停了，但脚下尽是坑坑洼洼，泥泞不堪——尤其进入黑洞洞的森林时。事前大家已决定让帕甫从容地沿道路走，时不时吆喝几声，其余的人七个一组前后相连，进林子用口哨相互联络，以免迷路。总管妈妈雷留在家里，照料小獾和其他小鸟的饮食。

沃夫克穿越密林时劲头十足，每当迎面有树木和灌木丛变得稀疏时，他的脑海中就出现幻象，觉得在昏暗的树林中，米的尸体仿佛就躺在黑森森的云杉树下。她和其他两位同学会遭遇什么样的灾难呢？他难以想象。

他的左右响起了同伴们发出的山雀声。沃夫克做了回答。他前面的灌木丛中冷不防响起古怪的声响，一阵黑黝黝的翅膀折断树枝发出的噼啪声之后，很快就消失了，可把他吓了一跳。过了好一会儿他才明白过来，原来那是我们这一带森林中的一种大型野鸡——松鸡。在曙色苍茫中，密林显得非常神秘、恐怖，充满神奇的怪异。

蓦地，他停下了脚步，似乎听到了一种声响，像喊声，又像呻吟声。这声响从哪里来的，他不知道，便侧耳细听起来……

又听到了！有谁在用嘶哑的声音喊叫，像是在叫，却又分不清是不是说：

"……是呀！……不对！在这里！"

沃夫克挪动脚步，可前面什么也看不清，他还是往密密的云杉林中奔去。他来不及看清前面的大坑，脚下一滑，一个趔趄，跌了进去。

跌下去时他只觉得耳朵嗡嗡作响，刹那间失去了知觉，所以他怎么也不明白自己这是在哪儿，谁在用嘶哑的声音凑在他耳边，跟他说："欢迎光临！我们可是翘首久盼了。一切随意，不要客气！"

"见鬼了！"沃夫克说了一句粗话，"黑得像是在地狱里。"

"这儿可真是地狱，"一个嘶哑的声音说，"这不就有死尸骨骸哩。"

他好不容易转过头来——他的脖子痛得厉害——看见身边有几块骨头，在黑暗中泛着微微的白光，稍远处是科尔克挺立着的身子。

"这是哪儿？"他转过头，刚要问，不经意间见到西坐在另一边，膝盖上搁着米的脑袋。

"她怎么了？"沃夫克跳了起来，大声问。

"没事儿，没事儿！"米自己回答说，"一条腿受了点儿小伤，没什么大不了的。"

"喊人呀，"沃夫克说，"我可是把喉咙都喊哑了。"

猛然间，沃夫克想起了自己去找人的事，还是大声高喊起来：

"来人哪！来人哪！"

而他的身后响起了女孩子的声音：

"当心！这儿有个坑！"

过了几分钟，传来了塔里·金的声音：

"哎，在地底呢！干吗跑到这儿来？你们感觉怎么样？沃夫克在你们那儿吗？"

"我们这是在研究地狱美洲哩！"沃夫克高高兴兴地答道，"米的一条腿脱臼了，这儿足有六米深。"

大家好不容易把遇险的几个人从深坑里拉了出来。而米呢？得给她做个担架。大力士安德和沃夫克把她抬回了家。

　　回家后，科尔克把事情的经过给大家说了：

　　我们在湖上耽搁了一会儿，回来时天暗下来了，又是在森林里。米走在前面，到了一个地方我突然听到她低声叫了起来。我跑了过去——自己也跟着她掉进了那倒霉的坑里。随我俩之后，完全是出于同窗情谊，有难同当吧，西也跟着落了进去。

　　里面黑洞洞的，伸手不见五指！过了一会儿，眼睛才适应，勉强看到点儿东西。一边是条走道，另一边也是走道。明白了，原来我们落进了地下通道里！我原想去侦察一番，看这两边的走道通到哪儿——弯着腰能过去。可两个女孩儿求起来了，说是别走，她们害怕！可要把遭了殃的米从那倒霉的坑里弄出来很难办到：那坑可深哩，坑四边是泥壁，笔直到底……再说，压根儿不能指望你们来。黑夜里你们往哪里找？不到天亮别想得到帮助。况且你们能不能找到我们也是个大问题。

　　好在我带着满满一盒火柴。我擦亮了一根，还是赶紧灭了的好，因为四周糟透了。脚下到处都是死尸骨头和骷髅。是的，都很小，可小姑娘们跟这些东西一起就太煞风景了，哪怕是少年自然界研究者也不合适！我知道，那是兔子呀，青蛙呀，癞蛤蟆呀，蛇呀什么的掉进了那儿——坑的边缘光溜溜的，休想爬得上去！

　　我们只得苦苦坐在那儿，黑咕隆咚，什么事也干不了。脑子里各种想法就冒出来了。我们一直琢磨着，这到底是条什么样的地下通道？谁挖的？挖来干吗？西说，兴许是游击队员挖的，是等法西斯分子一来，好做个藏身的地方。米说，她记得曾经读过一则童话，说的是一个水怪，自己湖里的鱼都输给了另一个水怪，他只好挖一条从自己湖通向另一个湖的地下通道，好把鱼转移走。水怪走不了旱路。

　　刚说完，她突然尖叫起来："啊！眼睛！……瞧！在那儿！"

　　确实，我也看见了。说话间，黑洞洞中，两只眼睛闪烁着凶险的邪光，直看得我满身起鸡皮疙瘩。那眼睛开始时发出绿光，然后是红光，最后熄灭了。

　　"这是水怪在窥视咱们！"西低声说，声音发颤。

我跟她说："别作声！"

这时，那眼睛又亮起来了。唉，可惜的是当时我手上没带武器！我以为那是狼，只要对它开上一枪，就完事了！两个小姑娘往我身边挨，身子哆哆嗦嗦，我呢，有什么法子？能赤手空拳跟人家斗吗？明摆着，人家在监视我们。

就在这时候，我猛地想到：野兽不是非常害怕人的声音吗？那我这就吓唬它一下！我把自己的主意低声对姑娘们说后，大吼一声："哇——啊！"她们也跟着尖声高叫起来，声音之高，差点儿震聋我的耳朵。

"你这一喊，打雷似的，声音也喊哑了。"西说。

"这会儿哑是哑了，可那眼睛不见了，该高兴了吧！"

"反正过会儿又会出现的！"西还不服输。

"它呀，"科尔克接着说，"压根儿就跑不掉，兴许，过道并不长，那里本来就堵着出不去。"

一般来说，我并不想再高声嚷嚷，而是擦亮火柴。只要眼睛一靠近，我就不容分说，擦亮火柴！幸好，现在是夏天，夜不是很长，上面终于亮起了曙光。我们也听到了沃夫克的声音：米一下子就听出那是他的声音！

西证实说，科尔克说的都是事实，并真心实意承认：

"哦，同学们，可把我们吓苦了！老实说吧，要不是有我们的科尔克在，我和米准吓得没命了。你们倒是设身处地想想，那双光闪闪的眼睛有多恐怖——吓得魂都掉了。哇！……这会儿还觉得，那可怕的怪物向我们扑过来了——我们的骨头被咬得嘎吱响！"

地底下的洞里到底有什么动物，到如今还是个谜。安德、沃夫克和科尔克决定日内搞它个水落石出。可大伙儿还有更多的事急着要办，地下怪物的探查工作只好暂时放一放了。

8月5日开始狩猎。从此沃夫克和科尔克每天带回的不是黑琴鸡，就是野鸭和鹬。少年哥伦布们对这些鸟儿都做了仔细的研究。鸟儿身上的每个部位，细到羽毛，都不放过。它们的大小、重量都被一一记录在案。

雌黑琴鸡的布谷鸟行动有结果了。用鸡蛋调换黑琴鸡蛋后的第二天早晨，小姑娘发现雌黑琴鸡不在窝里，而窝里黄褐色的鸟蛋冷冰冰的，说明被丢弃了，此外还散落一些白色的蛋壳。雏鸟哪里去了，不得而知。是不是母鸟把它啄破了——由于自己的蛋没有孵化出来而心怀怨恨？它自己的四只蛋，少年哥伦布们都看过，像第一只蛋一样，也是孵不出雏的蛋。

有一天早晨，科尔克从林子里突然回来，说：

"我在密林的田地边走——那儿种着燕麦。根据露珠，我看出，黑琴鸡在那儿待过。它们在燕麦上经过，抖落了露水。我'哇'地叫了一声，一只黑琴鸡果然飞了起来！跟在它们后面的是小鸟，就一只——真是个小傻瓜，毛色不是黄的，浑身五颜六色，满是花斑！……我放下枪，寻思着：什么东西？

"雌黑琴鸡远远飞走了，可那小怪物忽地一下子飞上了树枝，停在半树高的地方，离得很近很近，不用望远镜我也看得一清二楚：是只小雏鸡！母鸡的孩子，棒极了！

"这时候，雌黑琴鸡好声好气地呼唤它：'喔，喔！咯，咯咯！'它这才离开树枝，飞走了。飞得真叫好，飞得跟黑琴鸡一样漂亮！你说，是不是它养母教会的？小家伙飞到另一棵树上，躲进树枝中去，跟我玩起了'躲猫猫'。可不，它干脆成了只野鸡，成了猎人眼中的野禽了！我多次听人说过家鸡变野鸡的事，可这还是第一次亲眼所见。看起来咱们可以通过布谷鸟行动培育出野鸡的新品种，好改变家鸡了！"

以上一席话是科尔克在全体少年哥伦布们正围着一株大云杉下的一张大餐桌吃早餐的时候说的。几只已长大的小鸟，没有关在笼子里，大家吃饭的时候都飞了过来，停在他们的肩上，跳到饭桌上，拣些面包屑来吃。

小獾皮皮什卡蹲在拉的脚前，很乖，等着桌上会不会给自己掉下些好吃的东西来。

8月21日这天来到了——每年的这一天是我们这里最后一批雨燕飞离的日子。塔里·金一周前就提醒过我们雨燕飞离的日期，这是大家都知道的。现在少年哥伦布们相信，这些很快就能飞的鸟儿严格遵守节令，尽管还用不着匆匆忙忙，因为空中有的是它们爱吃的猎物：苍蝇和蚊子。家燕和爱夜间活动的夜莺吃的也是苍蝇，可它们还没有要离开的想法。

少年哥伦布们也要动身回城了，因为9月1日就要开学了。一星期后，哥伦布俱乐部的成员要回列宁格勒。

大家已做出决定，离别前夕，全体人员要在普罗尔瓦湖上聚集——整整一天都要在那里的一个岛上度过。

（待续）

成群月
（夏三月）

8 月 21 日至 9 月 20 日　　　　太阳进入室女座

一年——分 12 个月谱写的太阳诗章

8 月——闪光之月。夜里，一束束稍纵即逝的闪光无声无息地照亮了森林。

草地做了夏季最后一次换装。现在草地上五彩缤纷，花朵的颜色越来越深——深蓝色的，深紫色的。阳光渐渐变得虚弱无力，草地该把这些弥留的阳光储藏起来了。

蔬菜、水果一类的大型果实开始成熟。晚熟的浆果也快要成熟了，它们是马林果、越橘；池沼上的蔓越橘、树上的花楸果也快要熟透了。

一些蘑菇长出来了，它们不喜欢灼热的阳光，藏在阴凉处躲避阳光，活像一个个小老头。

树木不再增高、变粗了。

夏末时节，森林里的小动物们都已经长大，纷纷开始出来探索奇妙的世界。面对即将到来的秋天，鸟儿们将跟随父母跋山涉水去南方越冬。通过这一次长途飞行，鸟儿一定会逐渐成熟……

森林里的新习俗

林子里的小家伙长大了，都纷纷出了窝。

春天里的鸟儿成双成对，结伴待在自己的地盘里，如今带着子女满林子游荡开来。

林子里的居民现在也忙着走亲访友。就连猛兽和猛禽也不严格地守护自己的地盘，猎物到处都有，够大家分享的。

貂、鼬和白鼬到处乱窜，反正吃食随处可得：傻头傻脑的小鸟、不谙世故的小兔、粗心大意的老鼠。

鸣禽成群结队，在灌木丛和大树上徜徉。

族群间各有各的习俗。

以下就来介绍一下它们的习俗。

我为人人，人人为我

谁第一个发现敌情，谁就有义务发出尖叫或鸣声，那是对大家发出的警报，整个群体听到后立即四散开来躲避敌害。要是有哪个遭难，大家就齐声呐喊，吓唬来敌。

成百双眼睛睁得大大的，成百对耳朵竖得高高的，警惕来犯之敌，成百张利嘴时刻准备着对付敌人的进攻。族群里的新生成员越多越好。

族群里为小辈定下了规矩：务必处处仿效长辈。长辈不慌不忙啄食，你也跟着啄食；长辈抬起头，一动不动，你也得纹丝不动；长辈逃跑，你也跟着逃跑。

教练场

鹤和黑琴鸡都有为年轻一代设立名副其实的教练场。

黑琴鸡的教练场设在森林里。年轻的雄黑琴鸡观摩求偶的老黑琴鸡的一举一动。

老黑琴鸡咕咕叫唤起来，小黑琴鸡也跟着咕咕叫。老黑琴鸡啾啾唤，小黑琴鸡也啾啾唤——叫唤得轻声细语。

不过，这时候的老黑琴鸡已不像春天时那样咕咕叫了。那时，它是在叫唤："我要卖掉皮袄子，卖掉皮袄子，买来大褂。"

小鹤排着队列飞到教练场。它们在练习如何在空中保持正确的队形——排成"人"字形飞行。为了日后在远程飞行时保存体力，这一套本领不能不掌握。

飞在"人"字队列最前面的，是体力最强的老鹤。作为领队者，它要克服空气阻力，就要付出更多的气力。当它感到累了，就落到队尾，它原先的位置由另一只精力充沛的鹤取而代之。

年轻的鹤就这样跟在领队的后面，头尾相连，一只紧跟一只，有节奏地扇动翅膀飞行。体力最强的飞在最前面，最弱的飞在最后面。"人"字形队列最前面的鹤冲开气浪，恰如船头，劈浪前行。

咕尔——雷！咕尔——雷！

"听口令：目的地到了！"

鹤一只接一只落到了地面。在这块田野中的小空地上，幼鹤学起了舞蹈和技巧：蹦跳、旋转和按节奏做出各种灵巧的动作。还有最难的练习：用嘴把石子抛起，再用嘴接住。

远距离飞行开始了……

会飞的蜘蛛

没有翅膀，怎么飞？

可有些蜘蛛能变成飞行家——当然得出奇招。

蜘蛛从肚皮里吐出细细的蛛丝，再把蛛丝搭在灌木上。是风把蛛丝托住，让其四散飘动，而细丝就是扯不断，因为它像丝线一样结实。

蜘蛛待在地面上，蛛网就结在树枝和地面之间，凌空挂着。蜘蛛坐着吐丝，用蛛丝把自己浑身裹住，就像裹在丝茧里，但蜘蛛还在吐出更多的丝。

蛛丝变得越来越长，那是因为风吹得越来越强。

蜘蛛用脚牢牢顶住地面。

一，二，三！蜘蛛迎着风跑过去，同时快速地咬断固定住的一端。

一阵风吹来，蜘蛛脱离了地面。

蜘蛛飞起来了！

快解开缠在身上的蛛丝！

就像气球飞得越来越高……高高地在草丛和灌木丛上空飞行。

好个飞行员居高临下，仔细观察，哪里适合降落？

身下是森林，小河。再往前，再往前！

瞧，这是谁家的小院子，苍蝇围着一座粪堆转。停！停！

飞行员把蛛丝绕到自己身下，用小爪子把丝绕成个小球。小球越降越低……

准备，着陆！

蛛丝的一头粘住了一株小草——成功着陆！

可以在这里安居乐业了。

当许多蜘蛛和蛛丝在空中飘舞时——这种事常发生在秋高气爽和干燥的日子——村里人就说这是"夏天老奶奶"。你看，秋天里，空中飘飘扬扬的蛛丝不正是老奶奶的银丝白发吗？

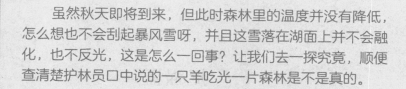

虽然秋天即将到来，但此时森林里的温度并没有降低，怎么想也不会刮起暴风雪呀，并且这雪落在湖面上并不会融化，也不反光，这是怎么一回事？让我们去一探究竟，顺便查清楚护林员口中说的一只羊吃光一片森林是不是真的。

林间纪事

一只羊吃光一片森林

这并非笑话，一只山羊确实吃掉了一片森林。

山羊是护林员买回来的。他把山羊运回林子，拴在草地的一根柱子上。晚上，山羊挣脱掉绳子，跑到林中去了。

周围全是树木，它能躲到哪儿去呢？幸好这一带没有狼。

一班人找了三天，就是不见踪影。到了第四天，山羊自己跑了回来。"咩！咩！咩！"叫个不停，好像在说："你好，我回来了！"

晚上，邻近的一位护林员跑来说，他守护的那个地段的树苗被啃得一干二净——山羊吃掉了整整一片森林！

树木幼小的时候完全没有自卫的能力，什么牲口都能糟蹋它，把它连根拔起，吃掉。

山羊看中了细嫩的松树苗。树苗看起来怪可爱的，活像一棵棵小棕榈（lǘ）树——细细的红色树干，树梢上盖着扇子似的一团柔软的绿叶。山羊一定觉得那玩意儿非常可口。

想来山羊未必敢靠近成年的松树，那些松针可不是好惹的！

驻林地记者　维丽卡

捉强盗

　　黄色的柳莺成群结队满林子迁徙，从这株树搬到那株树，从这个灌木丛移到那个灌木丛。每一株树，每一丛灌木，它们不上上下下爬遍搜尽，决不罢休。树叶下、树皮上、小洞中，哪里有蠕虫、甲虫、蛾子，它们全都啄了吃，要不就拖走。

　　"啾咿奇！啾咿奇！"一只鸟儿警惕地叫唤起来。大伙全都警觉起来，只见一只凶猛的白鼬在树根间偷偷摸摸地过来，时而黑黝黝的背脊一闪而过，时而隐没在枯枝间。它那细细的身子像蛇，蜿蜒而来，凶狠的眼睛像火光，在阴影里闪烁。

　　四面八方响起了"啾咿奇！啾咿奇！"的叫声。整群鸟儿离开了那棵树。

　　大白天还好，只要哪个发现敌人，大家就得救了。可一到夜里，鸟儿都蜷缩在树枝间睡觉，敌人却不会睡觉。猫头鹰悄无声息地扇动柔软的翅膀，飞到跟前，一发现目标就嚓的一下！睡梦中的小鸟吓得晕头转向，四散逃生，可还是有三两只落入强盗的钢牙铁嘴之中，拼死挣扎。黑夜真是糟糕透了！

　　鸟群一棵棵树、一丛丛灌木迁徙过去，继续向森林深处跋涉。轻盈的小鸟飞过绿树碧草，深入到最为隐秘的角落里去。

　　密林中央有一个粗树桩，上面长着一只形状丑陋的树菇。

　　一只柳莺飞得离它很近很近，看看这里有没有蜗牛。

　　突然树菇的灰色眼皮慢慢睁开，下面露出两只凶光毕露的圆溜溜的眼睛。

　　到了这时，柳莺才看清那张猫一样的圆脸和脸上凶猛的钩嘴。

　　柳莺吓得退到了一边。鸟群慌作一团，发出"啾咿奇！啾咿奇！"的叫声，但没有哪个飞走。大家都勇敢地把树桩团团围住了。

　　"猫头鹰！猫头鹰！猫头鹰！请求援助！请求援助！"

　　猫头鹰只是怒气冲冲地吧嗒着钩嘴："找上我啦！连个安稳觉

也不让人睡！"

就在这时，小鸟听到柳莺的警报，从四面八方飞了过来。

捉强盗！

小巧的黄头戴菊鸟从高高的云杉上冲下来，活跃的山雀从树丛里跳出来，勇敢地加入冲锋的队伍中。它们就在猫头鹰的鼻子底下飞来飞去，翻身腾挪，嘲弄它："来呀，碰吧，抓吧！追过来呀！你这卑鄙的夜行大盗，敢在光天化日之下动手吗？"

猫头鹰只有把钩嘴叩得笃笃响，眨巴着眼睛：大白天它能有什么作为？

小鸟聚得越来越多。柳莺和山雀的叫声和喧哗声引来了整整一群勇敢而强大的森林乌鸦——松鸦。

猫头鹰吓坏了，翅膀一展，逃之夭夭。趁现在毛发未损，逃命要紧，要不准会被这一群鸟儿活活啄死。

一群群鸟儿紧追不舍。追呀追，直把强盗逐出这片森林才罢休。

这天夜里，柳莺总算能睡上一个安稳觉了。受到这一顿教训后，猫头鹰久久不敢回到老地方来了。

草　莓

林地边缘，草莓正红。鸟儿常常找到红艳艳的草莓，叼走吃了，这样就把草莓的种子撒到了远方。但也有部分草莓的后代留在母亲身边，一起成长。

瞧，这一株灌木丛旁边长出了一条条蔓生的细茎——蔓枝。蔓枝的顶上派生出小小的幼株：一丛莲花形的簇叶和根芽。此外，在同一根蔓枝上已长出三簇叶子。第一簇叶子已经壮实了，而第三簇——长在梢上那根——发育还没有完全。蔓枝丛母株向四面八方蔓延。要找母株和派生株应当到草类稀少的地方去。比如这一株吧，母株在中央，它的四周围着一圈圈派生株，共有三圈，每圈平均有五株。

就这样，草莓一圈紧挨一圈地生长，不断拓展自己的地盘。

H. M. 帕甫洛娃

一吓就死的熊

一天晚上，猎人从林子里回村子的时候已经很迟了。他到了燕麦地边，一看，燕麦地里有个黑乎乎的东西在打滚，那是什么呀？莫非是牲口进了不该进的地方？

他仔细一瞧，老天爷，燕麦地里有头熊！它趴着，两只前爪搂着一捆麦穗，塞在身下，正美美地吮吸着燕麦的汁水。只见它懒洋洋地趴在地上，心满意足地发出哼哧哼哧声。看来燕麦的汁水还挺合它的胃口哩。

不巧的是猎人的子弹用光了，只剩下一颗小霰弹，那只适合打鸟。不过，他是个勇敢的小伙子。

"哎，管他呢，"他心想，"好歹先朝天上开一枪再说。总不能眼看着熊糟蹋庄员的庄稼不管。要是没伤着它，它是不会伤人的。"

他托起了枪，在熊的耳朵上方乒地开了一枪！

熊被这突如其来的枪声吓得跳了起来。地边有堆枯树枝，它从这堆枯枝树上像只鸟儿那样快速蹿了过去。

熊摔了个倒栽葱，爬起来，头也不回地往林子里跑去。

猎人见熊瞎子胆子这么小，笑了笑，回家了。

第二天早晨，他心想："我这就瞧瞧去，地里的燕麦到底给祸害了多少。"他到了燕麦地，看到昨晚熊居然被吓得屁滚尿流，大便失禁，从地头到林子，一路上都留下了它的粪便。

猎人循着粪迹找过去，发现熊倒在那儿，死了。

这么说，熊是被出其不意的枪声吓死的。熊还算是森林里力气最大、最可怕的动物呢！

食用菇

雨后又长出了蘑菇。

最好的蘑菇是长在松林里的白蘑菇。白蘑菇也就是牛肝菌，味道好，长得粗壮、肥厚。它的伞盖呈深咖啡色，有一种特别好闻的气味。

牛肝菌有的长在林间小路两边低矮的草丛中，有的就直接长在车辙里。幼嫩的牛肝菌，样子像小线团，显得很好看。样子虽好看，但滑腻腻的，身上总粘着一些东西：不是干树叶，就是小草。

在松林的草地上，还有松乳菇。这种松乳菇呈棕红色，颜色很深，老远就能发现。数量可多啦！老的松乳菇比小碟子小点儿，伞盖被虫子咬得满是大洞小洞，菌褶微微泛绿。最好的是中等大小，比五个硬币稍大的那种。这些菌很壮实，伞盖中央凹陷，边缘上卷。

云杉林中也有许多蘑菇。既有长在云杉树下的白蘑，也有松乳菇，但都与松林里的蘑菇不一样。白蘑的伞盖有光泽，颜色微黄，伞柄细而稍长。云杉林的松乳菇颜色与松林中的松乳菇颜色完全不一样，伞盖上不是棕红色，而是蓝中带绿，伞面上有一圈圈纹路，与树桩上的纹路差不多。

白桦和山杨树下长的是另外两种蘑菇，分别叫作"桦下菌"和"杨下菌"（这两种蘑菇的学名分别叫"鳞柄牛肝菌"和"变形牛肝菌"）。其实桦下菌长在离桦树很远的地方，倒是杨下菌与山杨紧挨在一起，它只能长在杨树根上。美丽的杨下菌体态匀称、规整，无论是伞盖还是伞柄都像是精心雕刻出来的。

H．M．帕甫洛娃

毒蕈

雨后也滋生出不少的毒蕈（xùn，真菌的一类，生长在树林里或草地上。种类很多，有的可以吃，如香菇；有的有毒，如毒蝇蕈）。如果说食用菌颜色主要是白的，那么多数毒蕈往往也是淡白的。所以你得留心区别！这种毒白蕈含有最毒的毒素。吃下一小片这样的毒蕈，比被毒蛇咬一口还要厉害。中了这种毒，生还的希望很渺茫。

幸好识别毒白蕈并不难，它与食用菌的区别在于：毒白蕈的柄仿佛就是大肚子瓦罐的细颈。据说毒白蕈与香菇很容易混淆（两种菇柄都是白色的），但是香菇的柄像伞柄，谁也不会联想到它曾在瓦罐里插过。

毒白蕈最像毒蝇蕈，有时甚至被称为"白毒蝇蕈"。如果用铅笔描下来，就不容易辨得出是毒蝇蕈还是毒白蕈了。毒白蕈也和毒蝇蕈一样，伞盖上有白色的破裂痕，伞柄上像围着一圈小领子似的。

还有两种危险的毒蕈，可能被误认为是白蘑。一种叫胆汁蕈，另一种叫撒旦（指魔鬼）蕈。

它们与白蘑的区别在于，伞盖的背面不像白蘑那样是白色或淡黄的，而是绯红，甚至是鲜红的。此外，如果掰开白蘑的伞盖，它仍然是白的，可是胆汁蕈和撒旦蕈的伞盖掰开后起初变红，后来又会变黑。

H. M. 帕甫洛娃

雪花飘飘

昨天，我们这里的湖上刮起了暴风雪。轻盈的白花花的雪片在空中飞舞，纷纷落在湖面上。落下又升起来，转着转着，又从高空向下落。天空晴朗，烈日当头。灼热的空气在灼热的阳光下流动，没有一丝风，可是湖面上却雪花飘飘。

今天早晨，整个湖面和湖岸撒满了干枯而了无生机的雪片。

这雪可怪了，在毒辣辣的阳光下竟不融化，也不闪光。雪片暖洋洋的，而且很脆。

我们便去看个究竟。到了岸边一看，才知道那不是雪，而是成千上万长翅膀的昆虫——蜉蝣。

昨天，它们从湖里飞出。整整三年，它们都生活在黑暗的深处，那时它们都是些模样丑陋的幼虫，在湖底的淤泥中蠕动。

它们吃的是淤泥和腐烂发臭的水藻，从来见不到阳光。

就这样生活了三年，昨天它们爬到湖岸上，蜕下讨人厌的外皮，展开轻盈的小翅膀，伸出尾巴——三根长长的细线，飞到了空中。

只有一天供它们在空中享受生命，尽情舞蹈，所以它们就被称作"一日飞蛾"。

这整整的一天里，它们都在阳光下翩翩起舞，在空中翻飞，盘旋，看起来就像是飘扬的雪花。雌蛾落到水面上，把细小的卵产在水中。

太阳下山、黑夜降临时，成千上万的蜉蝣尸体便散落在湖岸和水面上。

幼虫从蜉蝣的卵里爬出，在混浊的湖底深处度过1000个日日夜夜，才变成长翅膀的快乐蜉蝣，然后飞到湖面上空享受一天的光明。

白野鸭

湖中央落下一群野鸭。

我在湖岸上观察它们，惊奇地发现，在一群夏季毛色全是纯灰的雌、雄野鸭中，居然有一只羽毛颜色很浅，十分显眼。它一直待在鸭群中央。

我拿起望远镜，仔细地对它做了全面的观察。它从喙到尾巴，浑身都是浅黄色的。当清晨明亮的太阳从乌云中出来时，这只野鸭突然变得雪白，白得耀眼，在一群深灰色的同类中显得非常突出。不过其他方面，它并无与众不同之处。

在我50年狩猎生涯中，从来没有亲眼见过这种得了白化病的野鸭。患这种病的动物血液里的色素都不足，它们一出生毛色就是白的，或只是很浅的颜色，这种状况要持续一生。所以它们就缺了保护色，而保护色在自然界对动物来说是生死攸关的，有了保护色才不容易被天敌发现。

我当然很想把这只极罕见的鸟儿弄到手，看看它是如何逃过猛禽的利爪的。不过，此时此刻是绝对办不到的。因为这时候一群野鸭都停歇在湖中央，为的是不让人靠近而枪杀它们。这场面搅得我好不心焦，没法子，只有等待机会，看什么时候白野鸭能游到近岸，离我近些。

想不到这样的机会很快就来了。

正当我沿着窄窄的湖湾走时，突然从草丛中蹿出几只野鸭，其中就有这只白鸭子。我端起家伙就是一枪。不料在我要开枪的刹那，一只灰鸭子过来挡在白鸭子的前面，灰鸭子中弹倒了下去，白鸭子跟着其他几只鸭子逃走了。

这是偶然的吗？当然不是！那个夏天，我在湖中央和水湾里好几次见过这只白鸭子，但每次都有几只鸭子陪着它，好像在护卫着它。自然，猎人的霰弹每每都打在普通的灰鸭子身上，而白鸭子在它们的保护下安然无恙地飞走了。

我最终没有把白鸭子弄到手。

这件事发生在皮洛斯湖上——诺夫哥罗德州和加里宁格勒州的交界处。

维·比安基

在与干旱斗争的路上，所有人都在尽自己的一份力量。植树造林将是我们打赢这场战争最重要的筹码。驻林地记者告诉我们，新的林地都种了些什么树。我们还知道了什么是机器植树。吃尽了干旱苦头的农庄、果园和菜地在庄员的帮助下也不再发愁。现在我们要用尽全力帮助年轻的森林朋友成长。

绿色朋友

应当种什么

你可知道什么树种最适合用来营造新的林地？

为此，我们选了十六个树种和十四个灌木品种，这些树种适合在我们国家不同的地区播种。

最主要的树木和灌木品种：橡树、白杨、山杨、白桦、榆树、枫树、松树、落叶松、桉树、苹果树、梨树、柳树、花楸、金合欢、野蔷薇、茶藨子。

小朋友们都应该了解这些知识，以便记住该采集哪些植物种子供开辟苗圃之用。

驻林地记者　彼得·拉夫罗夫，谢尔盖·拉里昂诺夫

机器植树

现在要栽种那么多的树木和灌木，单凭我们的两只手是忙不过来的。

于是，人们请来机器帮忙。人们发明并制造了各种各样灵巧的植树机械，从种子到树苗，甚至连大树都能种植。有用来种植林带、绿化谷地的机械，也有用来挖掘池塘、处理土壤的机械，甚至还有用来养护苗圃的机械。

新开湖

列宁格勒有许多河流、湖泊和池塘，夏季也不怎么热。而我们克里米昌地区以前池塘很少，根本就没有湖泊。有条小河流经这里，但一到夏天，小河就逐渐干涸变浅，只需卷起裤脚就可以蹚水过河了。

我们的农庄、果园和菜地吃尽了干旱的苦头。

但是，现在再也不用为缺水而发愁了。我们的庄员开挖了新的水库，一个很大的湖，足足容纳得下14万立方米之多的水。

这个湖够我们浇灌500公顷菜地，还可以用来养鱼和水禽。

第聂伯彼得罗夫斯克州克里米昌区少先队员
瓦尼亚·普隆钦科，列娜·卡巴特钦科

我们帮助年轻的森林成长

我国人民正从事和平的劳动。他们在伏尔加河、第聂伯河和阿姆河上建造了前所未见的水电站，把伏尔加河和顿河连接起来，营造防护林带，从而使田地免遭恶劣的风沙侵害。所有的苏维埃人都投身建设共产主义事业。我们少先队员都希望能帮助大人们从事美好的事业。每一名少先队员都记得自己曾在同学面前许下的诺言——一定要成为一名合格的公民。也就是说，我们的责任是为共产主义事业做我们力所能及的事。

几十万棵年轻的橡树、枫树、山杨沿伏尔加河成行成列，从这一头到那一头，遍布整个草原。现在树还幼小，还不够强壮，它们中的每棵树都可能遭到许多敌害的侵扰：有害的昆虫、啮齿类动物和燥热的风。

我们学校的共青团员和少先队员决定帮助年轻的树木抵御敌害。

我们知道，一只椋鸟一天能消灭200克蝗虫。如果这些鸟儿能住在防护林带附近，就会给森林带来很多益处。我们同乌斯季库尔丘姆斯克和普里斯坦斯克少先队员一起，在年轻的森林旁边制作并悬挂了350个椋鸟屋。

黄鼠和其他啮齿类动物给年轻的森林造成巨大危害。我们将和农村的孩子们一起消灭黄鼠，向它们的洞穴里灌水，再用夹子抓捕。我们将制作一批用于捕黄鼠的夹子。

我们州的庄员将在防护林带上补种苗木，为此需要许多种子和树苗。我们在夏季采集了1000千克的树木种子。我们将在乌斯季库尔丘姆斯克和普里斯坦斯克的学校里建起苗圃，为防护林培育橡树、枫树和其他树木的树苗。我们将和农村的朋友们一起组织少先队员巡逻队，保护防护林带免受火灾、牲畜践踏和其他破坏。

当然，这一切不过是少先队员应尽的义务。但是如果苏联其他的少先队员和中小学的同学都像我们一样采取行动，那我们大家一定会给祖国带来巨大的好处。

萨拉托夫市第六十三男子七年制学校的全体学生

我们的记者来到了第四块采伐地。由于云杉适应环境的能力很强，所以都健康地长大了，至少可以与高大的白桦和山杨平起平坐了。秋风吹过来，林中又将开始一场大战，战况如何呢？

林间战事（续前）

我们的记者来到了第四块采伐地，这里的树木是大约30年前砍伐过的。他们发来了如下的报道：

幼小无力的白桦和山杨被自己强有力的同胞亲手扼杀之后，密林的低层只剩下云杉一种树木还能生存。

高大而身强力壮的白桦和山杨则在阴暗中茁壮成长，继续在高处争斗和打闹。历史再次重演，谁能长得比自己的邻居高，谁就能取得胜利，毫不手软地置手下败将于死地。

战败者饱受干渴之苦，最后倒下。于是，在枝叶覆盖的天棚上出现了一处缝隙，阳光从中照射下来——直射到年轻的云杉梢头。

云杉害怕阳光，不免害起病来。

斗转星移，它们也逐渐适应了阳光的照射。

它们慢慢康复，换掉了身上的针叶，趁机迅速长高。等到它们的仇敌想来补上天棚的空隙，为时已晚。

这些幸运的云杉已长高，至少可以与高大的白桦和山杨平起平坐了。紧接着，其他强壮的云杉也把自己尖尖的树梢伸到了最高层。

到这时，无忧无虑的胜利者白桦和山杨才发现，居然让这么可怕的敌人闯进了自己的地盘。

我们的记者目睹了仇敌间你死我活的肉搏战。

一阵强劲的秋风刮起，让挤在这里的那些林中族类不免亢奋起来。阔叶树向云杉猛扑过去，用自己的枝干狠狠抽打对方。

山杨一向胆小，身子始终哆哆嗦嗦，说话低声细语。这时候，连山杨也糊里糊涂地挥舞起枝干，想与云杉斗上一场，折断它们长着针叶的枝条。

但山杨不是个善战的主儿，它没有韧性，手臂也容易折断。坚韧的云杉没有把它放在眼里。

可白桦不一样，这是一种强壮有力而富有弹性的树种。它那柔韧、伸屈自如的手臂——枝条，即使在微风里也能挥舞起来。要是白桦也行动起来，周围的朋友，你们可得当心了，万一被它碰到，那就太可怕了。

白桦与云杉展开了肉搏战。白桦那柔韧的枝条抽打云杉的枝叶，一簇簇的针叶应声落地。

云杉的针叶枝条一旦被白桦抓住，那准会落得干枯的下场。只要树干被白桦撞上，那云杉的树冠定会干枯。

云杉能打退山杨，却敌不过白桦。云杉是一种坚硬的树种，虽不容易折断，但也很难弯曲。它直挺挺的枝干难以用作抵抗的武器。

这场林中大战会是个什么样的结局，在这个地方我们的记者不可能看到。想要看到，非要在那里住上好多年，所以他们就去找一个大战已经结束的地方。

这是个什么样的地方呢？且看下期报道。

我们帮助复兴森林

我们少先队大队参与了营造新森林的工作。我们采集各种树木的种子，交给我们的农庄和防护林站。我们在自己学校内的园地里造了一个不大的苗圃，在里面种上了橡树、枫树、山楂树、白桦和榆树。种子是我们亲手采集来的。

少先队员：加丽娜·斯米尔诺娃

妮娜·阿尔卡迪耶娃

园林周

政府已做出决定，每年在我国的村庄和城市举办一次园林周。在中部和北方各州，园林周在 10 月初举行，而南方各州则在 11 月初举行。

首届园林周是在筹备十月革命 30 周年庆典的日子里举行的。数千个重新开辟出来的农庄花园，数百万棵栽种在国营农场中心区以及农业机械站、学校、医院的庭园和街道两旁的果树——这就是少年林艺师和园艺师在伟大庆典前的日子里献给国家的厚礼。

现在，在园林周活动行将开始之际，国营苗圃里已储备了 1000 万棵以上的苹果树和梨树的幼苗，以及大量的浆果植物和观赏植物的幼苗。在尚无花园的地方开始筹备营造花园的工作，现在正是大好时光。

塔斯社

现在正是田间工作最繁忙的季节，农庄在把自己劳动果实献给国家作为头等大事来办的时候，又发生了很多有趣的事情。庄员们为了去除杂草，使用"迷惑计"。人们铺在地上晾晒的亚麻把动物们吓坏了，蜻蜓为了偷吃蜂蜜飞了很久却无功而返。夏秋之际，快来农庄瞧瞧吧！

农庄纪事

我们这里农庄的庄稼快要收割完了。现在，正是田间工作最繁忙的时节。首先，要把最好的粮食献给国家。每个农庄都把将自己的劳动果实献给国家作为头等大事来办。

庄员已收割完黑麦，接着收割小麦；收割完小麦，就要收割大麦；收割完大麦，就要收割燕麦；收割完燕麦，就要收割荞麦。

装着粮食——农庄的新收成——的大车源源不断地从各个农庄向火车站驶去。

拖拉机仍在田野间忙碌：已播下秋播作物的种子，现在正忙着翻耕春播地，好为来年的春播做准备。

夏季的浆果已过了时令，现在正是苹果、梨子、李子成熟的时节。森林里有许多蘑菇，满是苔藓的沼泽地上长着红艳艳的红莓苔子。乡村的孩子用长杆子从花楸树上打下一串串沉甸甸的红色果子。

野鸡——公山鹑和母山鹑——拖儿带女，日子可不好过了。它们刚从秋播作物田转移到春播作物地，现在又不得不过着颠沛流离的生活，从一块春播地飞到另一块春播地。

最后，山鹑躲进了土豆地。在那里，不用担心有人会来打扰它们。

可是，很快庄员们又在土豆地里忙活起来了——挖土豆。挖土豆的机器开动起来。孩子们燃起了一堆堆篝火，就地安上土炉子，边烤边吃焦黄的土豆。弄得个个都成了大花脸，黑乎乎的，叫人看了直想笑。

　　灰色的山鹑又要离开土豆地，再次亡命。它们的后代终于长大，国家已允许猎人捕杀它们了。

　　得找个觅食和藏身的地方——可在哪里呢？地上的庄稼都已收割完了。好在秋播的黑麦田里已齐齐整整长出小苗。那里，正是觅食和躲开猎人敏锐视线的好地方。

火眼金睛的报道

　　8月26日，我正在运送干草。我驾着车一路驶去，突然看见一个干柴垛上停着一只很大的猫头鹰，全神贯注地盯着干柴里面。我停下了马车，觉得这事怪怪的：猫头鹰离我那么近，为什么不飞走？我下了马车，走了过去，离猫头鹰更近了，便拿来一根木棒向它抛了过去。猫头鹰这才飞走。猫头鹰刚走，柴垛里飞出几十只小鸟。原来它们在那里躲避自己的天敌——猫头鹰哩。

驻林地记者　Л. 鲍里索夫

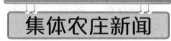

Н. М. 帕甫洛娃

迷惑计

　　在只剩下短麦秸茬子的田地里藏着敌害——杂草。它们的种子紧贴着泥土，根则深深地扎到地下去。这些敌害盼着春天到来。一到春天，土地翻耕过了，种上土豆，这时杂草也长高了，开始祸害土豆了。

庄员们决定对杂草巧施骗术。他们把浅耕机开到田里，浅耕机把杂草种子翻到土里去，把杂草的根截成一段段。

杂草以为春天来了，你看天气多暖和，泥土又松又软。于是杂草便兴冲冲生长起来，草籽也开始发芽，一段段根茎也发出芽来。田野一片翠绿。

庄员们笑开了，因为敌害上当了。杂草长出来后，深秋时节，他们再把地翻耕一遍，让杂草来个底朝天。一到冬天它们全会被冻死。杂草啊杂草，这下看你们怎么祸害土豆！

一场虚惊

林子里的飞禽走兽都惶惶不可终日：树林边来了不少人，在地上铺起干的植物茎。这莫不是新式捕鸟兽器吧？莫非森林里动物的末日到了？

可是，这不过是一场虚惊，人们来这里并没有恶意。他们铺在地上的是亚麻，铺了薄薄的一层，一条条铺开去，恰如平平整整的小路。亚麻放在这里，日后受雨露滋润，变潮变湿。经过这一番浸泡，要取出亚麻茎上的纤维就不难了。

瞧这一家子

在"五一"农庄里，母猪多什卡产下了二十六只猪崽。二月份刚给它道过喜，祝贺它产下十二只猪崽。瞧这一家子，人丁真叫兴旺！

公 愤

黄瓜地里议论纷纷，大家无不愤愤不平："这些庄员干吗每隔一天就闯到田里来，把我们年纪轻轻的小黄瓜摘了去？让它们安安生生长大该多好。"

不过庄员们还是留下少量的黄瓜当种子，其余的趁它们还绿油油的时候就摘走了。绿油油的黄瓜很嫩，汁水又多，很可口，太老了就不好吃了。

帽子的式样

林子里，田野上，道路两旁，处处都有松乳菇和牛肝菌。松林里的松乳菇模样俏：颜色棕红，矮胖壮实，头上的帽子满是一圈圈的花纹。

孩子们说，松乳菇帽子的式样是从人这儿学去的。不是吗？它们的帽子活像一顶草帽。

可这话并不适合牛肝菌的帽子。它们的帽子跟人的帽子丝毫不相像。别说是男的，就是年轻的姑娘，为了赶时髦，也不会戴这样的帽子。牛肝菌那帽子又黏又滑，戴着别说多受罪了。

无功而返

一群蜻蜓飞到"曙光"农庄的养蜂场偷吃蜂蜜，结果扑了个空，

原来蜂场上见不到一只蜜蜂。蜻蜓事先没得到一丁点儿的消息，原来从 7 月中旬起，蜜蜂就把家搬到林中盛开帚石南花的地方去了。

蜜蜂就在帚石南花丛中酿制黄灿灿的蜂蜜，待到帚石南花谢了再搬回老家。

已经到了可以狩猎的季节，让我们跟随猎人的脚步，瞧瞧打猎是怎么一回事。看到猎物时，我们可以感受到猎人们蓄势待发的激情和压抑着的紧张感。当猎人使用计谋进行捕猎时，猎人与猎物之间就像是一场不公平的竞争。但最终谁是赢家还不一定哩！

狩猎纪事

带着猎狗去打猎

8 月的一个清新的早晨，我随塞索伊·塞索伊奇去打猎。我的两只西班牙猎犬吉姆和鲍埃欢天喜地地又叫又跳，扑到我的身边；塞索伊·塞索伊奇的那条硕大而漂亮的塞特狗拉达把前爪搭在小个子主人肩头，舔他的脸。

"嘘，淘气鬼！"塞索伊·塞索伊奇用袖口擦着嘴唇，装作没好气地说，"去哪儿？"

三条狗没等他说完就离开我们，跑到割过草的草地上去了。"美人儿"拉达迈开步子，奔跑起来，它那皮毛白里带黑的身影在翠绿的灌木丛后时隐时现。我那两条矮脚狗像是受了委屈，哀怨地叫嚷起来，拼命追赶，却怎么也赶不上。

让它们撒欢儿去吧。

我们来到一丛灌木前。吉姆和鲍埃听到我的口哨声，回来了，在附近忙个不停，把每个树丛和土丘都嗅了个遍。拉达呢，在前面穿梭似的跑来跑去，时而从左边，时而从右边，在我们前面一闪而过。跑着跑着，它突然停了下来，不走了。

拉达像是撞上一道无形的铁丝网，站着一动不动，保持着停止奔跑那一刹那的姿势：头左偏，富有弹性的背脊弓起来，抬起左前腿，蓬松的尾巴像根大羽毛，伸得直直的。

原来它停下来不跑，不是因为撞上了什么铁丝网，而是闻到了一股野禽的气息。

"您想打吗？"塞索伊·塞索伊奇问我。

我谢绝了。我把自己的两条狗叫过来，命令它们在我脚旁躺下来，免得它们碍手碍脚，反而惊了野禽，逃过拉达的伺伏。

塞索伊·塞索伊奇不慌不忙向拉达走去，到了拉达跟前，停下脚步。他从肩上取下枪，扣上扳机。他不忙着命令猎犬往前去，显而易见，他也和我一样，欣赏猎犬那迷人的情态：优雅的姿势、蓄势待发的激情和压抑着的紧张。

"向前！"塞索伊·塞索伊奇终于下了命令。

拉达却不加理会。

我知道，这里有一窝山鹑。只要塞索伊·塞索伊奇再次发命令，它准会向前跳出一大步——到时候灌木丛里就会噼里啪啦蹿出一群棕红色的大鸟来。

"向前，拉达！"塞索伊·塞索伊奇边举猎枪，边下命令。

拉达迅速向前冲去。它跑了半个圈子，又停下来不走了，还是保持伺伏的姿态，但针对的是另一丛灌木。

怎么回事？

塞索伊·塞索伊奇走到它跟前，又命令道："向前！"

拉达竖起耳朵朝灌木丛听了听，又绕着灌木丛跑了一圈。

从灌木丛里悄无声息地飞出一只浅棕红色、个头儿不大的鸟儿。它懒洋洋地挥动翅膀，动作似乎不太熟练，两条长长的后腿耷拉下来，像是被打断了。

塞索伊·塞索伊奇放下枪，并怒气冲冲地招呼拉达回来。

原来这是只长脚秧鸡！

这种生活在草丛中的鸟儿，春天会发出尖锐刺耳的叫声，听到这种叫声，猎人倒感到有几分亲切，但到了狩猎的季节，猎人就感到讨厌了，因为长脚秧鸡不等猎犬做好伺伏，就悄悄地从草丛中溜掉了，让猎犬白白伺伏一场。

之后我和塞索伊·塞索伊奇分头行动，说好在林中一个湖边会合。

我沿着一条绿树掩映的狭窄河谷走，跑在我前头的是咖啡色的吉姆和它的儿子——黑、白和咖啡色三色相间的鲍埃。我时刻保持警惕，眼睛盯着两条狗，因为西班牙狗不会伺伏，随时都有可能惊起野禽。每遇一丛灌木它们都钻进去，消失在高高的草丛中，过了一会儿又出现在我的视野里，它们半截尾巴像螺旋桨似的转个不停。

是的，不能让西班牙狗留长尾巴，否则，它们的长尾巴拍打草丛或灌木，会弄出很大声响，而且也容易被灌木蹭破皮。西班牙狗在长到三个星期大的时候就要把尾巴截短，以后尾巴就不会再长了。留下来的半截尾巴，以备不时之需：一旦不小心陷进泥沼里，就可以抓住它的尾巴，把它拖出来。我的注意力全集中在两条狗身上，实在闹不明白，我是怎么同时看清周围的一切，欣赏到成百上千美好而奇特的景物的。

我抬头一看，太阳已升到树林上空，枝叶和草丛间跳动着无数金灿灿的光点，像兔子，又像蛇。再一看，一棵松树的树干巧妙地弯下来，形成一张巨型椅子，上面该坐着童话中的树精吧。不，在那宝座上，在一个小窝里，蓄满了水，旁边几只蝴蝶轻轻地扇动翅膀。

它们在饮水哩……我也口渴得嗓子眼儿直冒烟。我的脚旁翠绿的羽衣草那宽宽的叶子上有一颗硕大的露珠，恰如一颗无比珍贵的宝石，亮晶晶的。

得非常小心地弯下身去——千万别让它滚落下去——把羽衣草的这片叶子摘下来，它的褶皱里可蕴藏着世上最纯净的露珠，精心汇集了朝阳的全部喜悦。毛茸茸、湿漉漉的叶子触到嘴唇，清凉的水珠即刻滚到了干渴的舌头上。

吉姆突然吠了起来："汪，汪！汪，汪！……"我再也顾不得那为我解渴的叶子，任叶子飘落在地。

吉姆汪汪叫着，同时往小溪边跑去，它的半截尾巴螺旋桨似的扇动起来，越来越频繁，越来越迅速。

我也往溪边赶去，想赶在吉姆之前到达溪岸。

但我还是迟了一步，一只刚才没发现的鸟儿轻轻拍打着翅膀，从一棵枝繁叶茂的赤杨后面飞了出来。

鸟儿径直向赤杨后面的高空飞去——原来是只嘎嘎叫的大野鸭。我太激动了，来不及瞄准，举枪就射击，子弹穿过树叶飞过去，野鸭应声仰面跌落在前面的小溪中。

这一切发生得太突然，我只觉得自己像是没有开过枪——是我的意念把它打下来似的。我只是动了打它的念头，它就掉下来了。

吉姆已经游过去，把猎物衔到岸上来了。它顾不上抖落身上的水，嘴里紧紧衔着野鸭（野鸭的长脖子耷拉到地上），交到了我的手上。

"谢谢，老伙计，谢谢，亲爱的！"我弯下身抚摸它。

可它径自在抖落身上的水，溅得我一脸的水星子。

"嗬，好个没礼貌的家伙！走开点儿！"

它跑开了。

我用两个手指头抓住鸭嘴尖，拎起来掂了掂分量。好家伙！鸭嘴竟没有断，还吃得消整个身子的重量。那就是说，这是只壮年的鸭子，不是今年出窝的新鸭。

我匆匆忙忙把鸭子挂到子弹带的皮背带上，因为我那两条狗又在前面叫开了。我赶紧跑过去，边跑边装弹药。

狭窄的溪谷这时候变宽了，一个小池沼一直延伸到了山坡前，上面布满了草墩和苔草。

吉姆和鲍埃在草丛里钻进钻出，那里藏着什么？

整个大千世界都融汇到这个小小的池沼里了。猎人心里只有一个愿望，那就是快点儿知道，猎犬在草丛里嗅到了什么，从中会飞出什么野禽来——别失手才好。

我的两条短矮脚狗落在高高的苔草中不容易被发现，但它们的耳朵像翅膀，时而这里，时而那里，从草上掠过，它们这是在做跳跃式的搜索——跳起来好看清近处的猎物。

只听见扑哧一声——这声音很像从池沼烂泥里拔出靴子时的声音——一只长脚田鹬从草丛中飞了出来，飞得很低，做"之"字形

飞行。

我瞄准它，开了一枪，却让它飞走了！

它绕了大半圈，伸出笔直的双脚，又落下来，钻进离我很近的草墩里去。它停在那里，利剑一样的长喙插在地面。

它离我很近，况且还停着没飞，我不好意思朝它开枪。

但吉姆和鲍埃来到我身边，逼得它又飞起来。我用左边的枪管开了一枪，还是没有打中。

唉，真倒霉！你看我打了30年的猎，平生到手的田鹬少说也有几百只了，但是只要见到飞行的野禽，手就痒痒的。我这性子也太急了点儿。

我有什么法子？现在得去找黑琴鸡了。否则塞索伊·塞索伊奇见了我的猎物，准会轻蔑一笑：在城里的猎人眼中，田鹬是了不得的猎物，味道好极了，可在乡间的猎人看来，那算什么鸟儿，小玩意儿一件，微不足道。

塞索伊·塞索伊奇在小山后面已开了三枪。也许，他打到的野禽少说也有5千克了。

我过了小溪，爬上一座峭壁。站在高处向西望去，能看到很远的地方。那边有一块很大的采伐地，采伐地后面是一大片燕麦田。只见拉达的身影在闪来晃去，塞索伊·塞索伊奇也在那里。

啊哈，拉达站住不动了！

塞索伊·塞索伊奇走了过去，只听他开了枪："乒，乒！"双管连发。

他捡猎物去了。

我可不能光看热闹了。

两只狗已跑进密林。我该怎么办？我立下过规矩：我的狗在密林里时，我就走林间小道。

林间小道其实很宽敞，鸟儿飞过时完全来得及开枪。要是猎犬能把它们往这边赶就好了。

鲍埃叫了起来，吉姆也跟着叫起来。我赶紧跑过去。

我很快来到两条狗跟前，可它们在那儿磨蹭什么？黑琴鸡，错不了。它钻进了草丛，引得狗跟着团团转——我知道它这套把戏！

"特啦——塔！塔——塔——塔——塔！"还真是黑琴鸡。它果然飞起来了，黑得像烧焦的黑炭。它冲出来沿着林间小道直往远处飞。

我追着它连开了两枪。

它拐了个弯，消失在高高的树后不见了。

难道我又失手了？不可能，我似乎瞄得很准呢……

我吹起口哨呼唤我的狗过来，自己便朝黑琴鸡消失的林子走去。我在找，两条狗也在找，可哪儿也没找到。

唉，多懊恼！今天注定是个枪枪打不中的日子！再说也没什么可抱怨的，枪是好枪，弹药也是自己亲手装的。

我还得试试——也许到了湖上会交上好运。

我又上了林中小道。沿着这条路走不多远——约莫500米——就到了湖边。心情算是坏透了。这时两条狗不知跑到哪里去了，怎么叫唤都没有回应。

管它们呢！我一个人去算了。

这时鲍埃不知从哪里冒了出来。

"你到哪里去了？你看呢，要是你是猎人，我呢，是你的助手，只是个开枪的，那怎么着？这枪你拿着，自己开去吧。怎么样？不行？我说你干吗四脚朝天躺着？你倒是来讨饶了？那得听话。一般来说，西班牙狗个个都傻里傻气的，长毛猎犬就不同了，会伺伏。要是让拉达来伺伏，可就简单了。那样我准能百发百中。野禽——就像被绳子拴住了似的——你想，它能逃得了吗？"

前方，在树干间，露出一个小湖，湖面上银光闪闪。我这个猎人的心头涌现出新的希望。

湖岸边长满了芦苇。鲍埃扑通一声跳入了水中，向前游着，搅动了高高的绿色芦苇。

只听得嘎的一声，一只鸭子叫着从芦苇丛中飞了出来。

那野鸭飞到湖中央的时候，我的枪声响起，它的长脖子随之耷拉下来，身子落到了水里，扑腾着翅膀，溅起阵阵水花。鸭子肚子朝天躺在水面上，两只红红的爪子朝天，乱划着。

鲍埃向那野鸭游过去。猎狗张开嘴巴，就要咬住鸭子的刹那，冷不防鸭子钻进水里不见了。

鲍埃被搅得莫名其妙：那家伙钻到哪儿去了？它东转转，西找找，就是不见鸭子的影子。

突然猎狗的头扎进了水里。怎么回事？被什么东西缠住了？沉到水底去了？怎么办？

野鸭又露面了，它正向岸边慢慢游来。它游得很怪，侧着身子游的，头却在水下。

原来是鲍埃叼着它！鲍埃就在它的身后，因而看不见脑袋。太棒了！它居然潜到水下，叼回了鸭子。

"干得真叫漂亮！"传来塞索伊·塞索伊奇的声音。他悄悄地从我身后走了过来。

鲍埃游到一个草墩边，爬了上去，放下鸭子，抖起身上的水来。

"鲍埃，你真不害臊！给我叼过来。"

真是个不听话的家伙——对我的命令竟不理不睬！

突然吉姆不知从哪里冒了出来。它游到草墩前，气呼呼地数落了儿子一顿，叼起鸭子，来到我跟前。

吉姆抖落身上的水，就奔进灌木丛，想不到从里面带回来被我打死的那只黑琴鸡。

我这才明白，我的老伙计这么长时间到底哪儿去了：它在林子里四处找，找到被我打死的黑琴鸡后，拖着它走了500多米的路，才赶上我。

在塞索伊·塞索伊奇面前，我因为有了它们感到脸上有光彩。

老伙计，忠诚的猎狗！11年来你忠心耿耿、任劳任怨地为我出力，但是这很可能是你与我一起狩猎的最后一个夏天，因为狗的寿命是短暂的。我还能找到另一位这样忠诚能干的朋友吗？

以上这些，是我在篝火旁喝茶的时候的想法。小个子的塞索伊·塞索伊奇干练地把野味挂到桦树枝上：两只年轻的黑琴鸡、两只沉甸甸的同样年轻的松鸡。

三条狗蹲在我的四周，贪婪地注视我的一举一动，它们在期待着会给它们丢点儿什么吃的。

我当然忘不了它们，三条狗干得太漂亮了，都是好样的。

下午了。天好高好高，好蓝好蓝。隐约听到头顶上山杨树叶摇曳时发出的瑟瑟声。

多美好的时光！

塞索伊·塞索伊奇坐了下来，悠闲地卷起烟卷儿。他陷入了沉思。

太妙啦，我马上就能听到他讲自己狩猎生涯中又一次有趣的经历了！

现在，整窝整窝的野禽在生长，正是狩猎的好时光。为了猎取警惕性高的鸟儿，猎人们费尽心机，什么手段都用上了！但是，要是他事先不了解鸟类的生活习性，什么手段都起不了作用。

本报特派记者

捕野鸭

猎人们早就发现，小鸭子会飞的时候，就会整窝成群结队地从一个地方迁徙到另一个地方，一昼夜里迁徙两次。白天，它们躲进密密的芦苇丛内睡觉、休息。太阳一下山，它们就从芦苇丛内飞起来，踏上征途。

猎人早就做好了准备。他知道，野鸭要飞到田野去，就在那里候着它们。他就守在岸上，埋伏在灌木丛中，面朝水面，对着日落的方向。

太阳落下的地方，天边燃烧着一条宽宽的光带。一群群野鸭黑色的身影在光带的映衬下分外醒目。它们直接对着猎人迎面飞来。猎人轻而易举就能瞄准目标。从灌木丛里出其不意地开枪，往往能打中许多野鸭。

一枪又一枪，不到天黑不停手。

晚上，鸭子在庄稼地里觅食。

天亮后，它们就飞回芦苇丛。

归途中，它们很容易中猎人的埋伏。这时候，猎人早就背向水面，脸朝东方，埋伏好了。

鸭群正好撞在猎人的枪口上。

助 手

一整窝黑琴鸡在林间空地上觅食。它们一直待在离林子很近的地方，一有情况就躲进林子里逃命。

它们在啄食浆果。

黑琴鸡一发现风吹草动就抬起头，看见草丛里露出一副可怕的兽类嘴脸，耷拉着肥厚的嘴唇，来回抖动。一双贪婪的眼睛紧紧盯着伏在地上的小黑琴鸡。

小黑琴鸡缩成富有弹性的一团。两双眼睛，大眼瞪小眼，等着看下一步该如何应付。只要对方稍有动作，小黑琴鸡就一展强有力的翅膀，闪到一边——有能耐就上空中来抓我吧！

时间一分一秒过去。野兽那副嘴脸还搭在缩成一团的黑琴鸡上方。小鸟不敢飞起来，野兽也不想动弹。

冷不防响起威严的声音："向前冲！"

野兽冲了过去。小黑琴鸡噼噼啪啪振翅飞了起来，箭一般向救命的林子飞去。

林子里响起乓乓声，火光一闪，烟雾腾腾。小黑琴鸡翻着、滚着，坠落在地。

猎人捡起黑琴鸡，命令狗继续上路：

"走，别出声！找找去，拉达，找找去……"

在山杨林里

云杉林里黑森森的。

万籁俱寂。

太阳刚落到林子后面去。猎人不慌不忙地在沉默不语的、挺拔的树干间穿行。

前方传来窸窸窣窣的声响，像一阵突然而起的风吹动树叶而发出来的，前面必定有片山杨林。

猎人停住了脚步。

静悄悄，声息全无。

下起了稀疏而大的雨点，打在树叶上：滴，滴，答，答，答……

猎人悄无声息地举步向前走去。这时候，山杨林已近在咫尺。

滴，答，答，答……突然又不响了。

隔着浓密的枝叶，什么也看不清。

猎人停下来，一动不动地站着。

看哪个更有耐心，是待在山杨林里的那位，还是持枪埋伏在树下的这位。

久久没有出声，一片寂静。

过了一会儿，声音又响起：滴，滴，答，答，答……

啊哈，到底把自己暴露了。

树枝上停着一个黑乎乎的东西，用喙啄着山杨细细的叶柄。

猎人仔细地瞄准了目标。粗心的年轻松鸡像一个沉甸甸的土块，迅速坠落下来。

这是一场公平的游戏。鸟儿躲起来，猎人悄悄逼近。

谁最先找到对方？

谁更有耐心？

谁眼力更好？

试看下文。

不公平的游戏

猎人走在浓密的云杉林中的一条小道上。

"普尔，普尔尔，普尔尔尔！"

就在他脚边飞出八只、十只——整整一窝花尾榛鸡。

不等他举枪，鸟儿全都飞进浓密的云杉树叶丛中去了。

还是别想的好，别枉费心机寻找：它们都躲到哪里去了，哪怕把眼睛睁得老大，也看不清。

猎人干脆在小道边的一棵云杉后面躲了起来。

他从口袋里掏出一支小木笛，吹了几下，然后在树墩上坐下来，扣起扳机，又把木笛送到嘴边。

游戏开始了。

小家伙全都躲起来，藏得稳稳当当。妈妈没发"可以出来"的信号，就待着动也不动，翅膀也不扑棱一下。每只鸟都待在自己的树枝上。

"比——依——依克！比——依——依克！比克——特尔尔尔！比亚季，比亚季，比亚季捷捷列维！"（这是模拟鸟叫声。"比亚季捷捷列维"是俄语中"五只花尾榛鸡"的意思）

这就是信号，意思是说：可以出来了。

这是妈妈满怀信心的召唤："可以了，可以了，飞到这儿来。"

一只小榛鸡悄悄地从树上溜到地面。它在听，妈妈的声音打哪儿来。

"比——依——依克——特尔尔尔，特尔尔尔——在这儿，过来吧，过来吧！"

小榛鸡跑上了小道。

"比——依——依克——特尔尔尔！"

妈妈就在这里，在一棵云杉后面，那儿有个树墩。

小榛鸡拼命地在小道上跑，向猎人直奔过来。

枪声响起——猎人又拿起木笛。

小木笛的声音酷似母鸟轻细的呼唤：

"比克——比克——比克——特尔尔尔！比亚季，比亚季，比亚季捷捷列维！"

又一只上当受骗的小榛鸡就这样乖乖地跑去送死了。

本报特派记者

射靶：竞赛六

1. 鱼的体重是多少？

2. 十字圆蛛埋伏在蛛网旁时，是怎么知道有猎物落到网上的？

3. 什么兽类会飞？

4. 小鸟在白天发现猫头鹰时怎么办？

5. 小小动物，随身带剪刀，却不是裁缝；它有鬃毛，也不是鞋匠。（谜语）

6. 蜘蛛什么时候飞，怎么飞？

7. 哪种昆虫（成年时）没有嘴巴？

8. 为什么雨燕和家燕在天气好的时候飞得高，而在潮湿天贴近地面飞？

9. 为什么母鸡在下雨前用嘴梳理羽毛？

10. 怎么通过观察蚁穴知道快要下雨了？

11. 蜻蜓吃什么？

12. 哪种凶狠的猛兽喜吃马林果？

13. 夏季观察鸟类脚印的最佳地点是哪里？

14. 最大的啄木鸟的头顶是什么颜色？

15. "魔鬼烟"是怎么回事？

16. 心脏摆在院子里，脑袋搁在桌子上，腿儿留在田野里。（谜语）

17. 我们穿它的皮，丢掉肉，吃掉头。（谜语）

18. 身子黑时又蜇人，又好斗，一旦变红，就成了乖乖宝。（谜语）

19. 好个庄稼汉，横躺在地，身披金衣，腰系丝带，自己不动，要人抬起。（谜语）

20. 一个无形喇叭，不停学你说话。（谜语）

21. 没人吓唬它，却要哆嗦个不停。（谜语）

22. 盲人也能认得出的草是什么草？

23. 什么东西长在庄稼地里，却不能放在嘴里吃？

24. 瞪大眼睛蹲着，说的不是人话，生在水里，活在地上。（谜语）

公告："火眼金睛"称号竞赛（五）

寻鸟启事

椋鸟哪里去了？白天有时还能在田间和牧场见到。但是它们躲到哪里过夜了？小鸟刚一出窝，它们就离弃了自己的窝，再也不回来了。

本报编辑部启

给读者带来问候

我们是来自北冰洋的岛屿和海滨的髯海豹、海象、格陵兰海豹、白熊和鲸。

我们受托将读者的问候带给非洲的狮子、鳄鱼、河马、斑马、鸵鸟、长颈鹿和鲨鱼。

从北方飞经此地的鹬、野鸭和海鸥

是哪种动物的身影

图中哪个是雨燕，哪个是其他的燕子？

图1　　　　　图2　　　　　图3　　　　　图4

你坐在一个开阔的地方——田野、山冈、河边陡岸上。太阳当空，从你面前的田野、沙滩、水面上掠过或滑过你头顶的，是在空中飞翔的猛禽的身影。

假如你的眼睛很敏锐，而且训练有素，你可以用不着抬头，凭着影子，凭着地面上掠过的黑色轮廓，判断出是什么猛禽吗？

这是快捷而轻盈掠过的影子。窄窄的翅膀像镰刀，长长的尾巴，圆圆的尾巴尖。图5是什么鸟儿的影子？

图5

身材跟图5的鸟儿差不多，但身子要宽些，翅膀厚厚的，尾巴是直的。图6是什么鸟儿的影子？

图6

影子更大，翅膀更厚，尾巴呈扇形，尾尖圆圆的。图7是什么鸟儿的影子？

图7

也是很大的影子，翅膀弯得很厉害，尾巴尖呈凹形。图8是什么鸟儿的影子？

图8

影子更大，翅膀呈三角形，翅膀尖上像被剪去了一截，尾部呈直角。图9是什么鸟儿的影子？

图9

非常大的影子，翅膀巨大，翅膀末端像张开的手指，头和尾巴似乎比较小。图10是什么鸟儿的影子？

图10

哥伦布俱乐部：第六月

从小窝棚里出来 / 远方来客 / 舰队 / 无人岛上 / 漂移的美洲 / 美洲居民 / 离别

奇怪的是，在少年哥伦布的眼中，新大陆不但没有变成旧大陆，"神秘乡"反而显得越来越奇妙，越来越神秘。布谷鸟行动为少年自然界研究者们展现全新的、前所未有的机会。从未知的国度移植来的神秘的阿列伊树，因为体胖而难以攀爬的帕甫还没打算去采摘它的叶子，所以至今仍被认为是个未知数。米、科尔克和西曾意外跌进去的那个神秘地下通道依然是个谜：谁建造的？什么时候造的？目的何在？最近几天，猎人科尔克和沃夫克采集到一些飞禽，完全不可能是"神秘乡"的"土著"。

狩猎一开始，科尔克和沃夫克在普罗尔瓦湖岸上用芦苇和树枝为自己搭了两个小窝棚：科尔克的窝棚搭在湖湾一面的岸上，沃夫克的则搭在另一面岸上。从黎明到午饭前——诺夫哥罗德人把这段时间称为"不停工的时刻"——两位少年自然界研究者带着枪和望远镜守候在各自的窝棚里，而沃夫克常常还有第二个"不停工的时刻"，那就是午饭后到太阳下山。两位猎人避开鸟类敏锐的眼睛，观察到许许多多奇异的现象。

通常，首先在湖岸上露面的是宿在林子里的鹭鸟。鹭鸟慢慢地扇动自己圆圆的、像零头碎布做成的翅膀，从高处下降，伸出两条笔直的长腿，不慌不忙地落到地面上。它一边在近岸处来回走动，在湿沙上留下大大的三趾爪印，一边仔仔细细地观察岸边的浅水域。说时迟，那时快，不经意间它用那匕首般的喙闪电般地猛啄呆呆望着它的青蛙，长脖子抬得老高老高，像是感谢老天给它送来如此美味的佳肴，而青蛙的腿抽搐一阵之后，就消失在这驼背大鸟的喉咙里。鹭鸟迈开步子，沿着湖岸，不慌不忙、有节奏地走向前去——它从离躲在窝棚里的猎人非常近的地方走过，猎人即使不开枪，用枪杆也可以捕获它，但是，猎人从来没有这样干过。

野鸭飞来了，有小水鸭，有笨头笨脑嘎嘎叫个不停的大鸭，也有翅膀天蓝色的琵琶鸭和体态匀称的赤颈鸭。它们飞着、飞着，屁股朝下，次第降落下来，停在芦苇丛中，翅膀上闪烁着绿宝石般的光彩。短尾巴的沼泽鸡从一个芦苇丛迁徙到另一个芦苇丛。鸢在高空徐徐飞过，寻找岸上的死蛙，或水中白肚皮朝天的死鱼。少年自然界研究者还是没有动枪。

但只要湖上出现这里夏季没有的、飞行速度极快的鹬群，它们一旦在岸上四散开来，长长的细腿闪来闪去，小窝棚里就会迅速闪出火光，跟着枪声响起。这班飞禽异客就倒在沙地上，意外地结束了自己的征途，再也去不了远方的越冬地了。

大群的鹬的迁徙在进行中，它们从新地岛、阿尔汉格尔斯克和科拉湾的冻土带飞到炎热的非洲去。现在，两位少年自然界研究者几乎每天都送来这里夏天见所未见的长脚鹬、黑腹滨鹬、弯嘴滨鹬和滨鹬。有一天，科尔克从自己的窝棚里看到一只在鸟类图鉴里找不到的鸟儿。这只鸟儿毛色五彩缤纷，黑胸脯，不是很高，喙也不长，它往每根树枝下面和每一丛倒伏在水里的芦苇下面张望，然后迈着碎步，朝前走去。附近从未见过这种鸟儿成群结队出没，它们总是独来独往的。

科尔克搞到了一只，拿回了家，塔里·金一见，惊叫起来：

"知道吗？这可是翻石鹬！是生活在海岸边的鸟儿——怎么会落到咱们这么遥远的大陆深处来的呢？太有意思了，可以说是件小的新发现！"

第二天，俱乐部的全体成员最后一次到湖里去，在这告别的前夕，多给少年哥伦布们带来很大的不安：早晨，她对谁也没说自己要到哪里去，午饭和晚饭也没回来吃。大家都打算到林子里去找她，都猜想她是不是掉进地下通道里去了。就在大家议论纷纷的时候，她露面了。回来后她只说了一句话，她这是跟几个女友一起去了一趟米涅耶沃。问她在那里看到了什么，她不愿回答。

第二天一早，气压开始下降，这也影响不了少年哥伦布们的决心，天刚蒙蒙亮，他们就动身去湖边了。

大家聚集在一起，快速穿过林子，在别列若克村，向渔民借了一条小船和两条叫作"罗依卡"的船。一行人划着桨。小船做旗舰，随后的是科尔克和沃夫克乘坐的罗依卡。罗依卡是种很原始的船，打从石器时代起就在诺夫哥罗德的湖泊上行驶了。罗依卡是由两段山杨树干挖空拼成的——像两只长长的洗衣盆。这种船行驶起来不灵便，速度也不快——石器时代的人并不需要急急忙忙到哪里去。不过这种船坐起来很稳。想捕鱼吗？伸手就可以捕，要游水吗？直接跳下去就是，用不着担心翻船。

在前面为这支小舰队领航的是一位新结识的小伙子——瓦尼亚特卡，他也是坐着罗依卡。瓦尼亚特卡是位整天乐呵呵的庄员，胖胖的脸，春天刚升六年级。他对这湖很熟悉，知道哪里可以捕到什么鱼。他对这帮城里人自豪地介绍起这个湖，听少年哥伦布们把自己叫作"当地老住户"，很是受用。

几条船很快就到了一座无人岛。少年哥伦布们上了岸，对岛做了一番仔细的考察。没花多少时间，因为这岛看来只有400步长，最宽的地方才250步。正如瓦尼亚特卡说的那样，岛上有一窝黑琴鸡，后来几名猎人打了三只用作午饭的小菜。令树木学家惊奇的是，这里生长着高大壮丽的松树，按热情的多的说法，跟生长在美洲的巨型红松一模一样。

在这个无人岛上，少年哥伦布们感到分外亲切，仿佛自己就是这里土生土长的似的，自己都变成印第安土著了。男孩子的头上插上黑琴鸡的羽毛，个个成了酋长，小姑娘则成了红皮肤的印第安女子——这对她们来说不费吹灰之力，因为一个夏天下来，皮肤就晒得红红的。大家一起动手搭起了一座尖顶的印第安人小窝棚，下起雨来好进去躲躲：你看，天空变得阴沉沉的了。

瓦尼亚特卡不愧是位富有经验的打鱼人，他带领大家去捕鱼，教这些酋长如何在鱼钩上装鱼饵，指导大家鱼漂离鱼钩该多大距离。

沃夫克不想待在这里钓鱼。他一边暗自轻轻哼着——但能让埋头钓鱼的人都听到自己新编的歌词：

一月，二月，三月，四月，
钓鱼的人是一群傻瓜！

一边跑着去查看岛上都有什么兽类。

他还没跑上100步，就看见地上有些未见过的新鲜的动物脚印，显然是从水里出来的。这不可能是水老鼠，水老鼠在湖里多得是，脚印要大得多。要说是水貂，脚印似乎小了些。

脚印向着岛上一个伸到水上、长满青草的土墩延伸过去。沃夫克蹑手蹑脚——免得惊动这个动物——沿着这陌生的脚印旁边走。上了小土墩，他脚下的泥土摇晃起来。

"是个泥塘，"沃夫克寻思道，"但愿别陷进去！"

但是他刚走几步，草丛里就发出了窸窸窣窣声，紧接着响起了噼里啪啦的水声，有只棕褐色的动物从草丛里蹿进水中。那家伙长什么模样，以及有多大，沃夫克没看清。他又迈了一步，看见紧靠水边的草丛上一米见方的平台——大家管它叫"小饭桌"——上面有一些吃剩下的水草茎的碎屑。明摆着，某种啮齿类动物在这里生活，照这些"残羹剩饭"来看，那准是个个头儿不小的家伙——跟旱獭不相上下。

"我们这里不会有这么大的水生啮齿类动物。"沃夫克心想，"到底是什么动物呢？莫不是河狸吧！"

他陷入了沉思，直到乌云压过来，刮起了非同寻常的大风，他才回过神来。这时候沃夫克只觉得脚下的土地晃动起来，自己像是待在木筏上。他抬起头，只见岛上的大树像纤细的芦苇茎，左右摇晃起来。旋风起，泥沙和断枝残叶迎面扑过来——而他站立着的小土墩已脱离了小岛，眼看着他与小岛之间的水面越来越大。

"龙卷风！"沃夫克心想，他想跳到岛上去，脚下却被一个低矮的灌木丛绊住了，膝盖着地，跪了下去。

沃夫克可是个硬汉，并非胆小之辈，但这一意外，令他不免惊叫了一声。他不会游泳。这湖——按瓦尼亚特卡的说法——"近岸处倒是有盖，可稍远处，那就深不见底了，简直是个无底深渊！"支撑他双脚的、那长着草的土块形状怪怪的，没有陷下去，只是由于他站在上面，重压下东摇西晃起来，像童话里的飞毯。

"老天爷！"沃夫克猛地想起来，"这竟是堆植物！"

沃夫克早就听当地的庄员说起过，他们的湖上有这样一些由植物巧妙纠缠而成的、形状像小岛的地方。这些植物的根不连在地面泥土中，只要小岛没有被风刮到岸边，它就在湖面上漂浮——这些植物的根就没有机会扎进泥土里，它们就稳定不下来，成不了沼泽。当时少年哥伦布们个个都觉得这事儿挺有趣。他们甚至还听说一对苇莺在一个这样的草堆上做了个窝，后来草堆脱离了小岛，鸟窝也就满湖漂来漂去了。

把漂在水面上的草墩吹离小岛的强风——按这里的说法叫"龙卷风"——终于停息了，湖水被搅得翻江倒海起来，草墩也晃得越来越厉害，慢慢地沿着小岛离湖岸越来越远。沃夫克吓得不敢动弹，也不敢站起来，生怕立脚的这一小块地方不够牢固，支撑不了自己的身子，会沉下去，到时候……由于恐惧，沃夫克的脑子里闪现出种种稀奇古怪的想法。"瞧！"他想，"哥伦布落到漂浮的美洲上了！唉，要是我像苇莺，能飞，要不像鱼，能游就好了……今年秋天我一准要到游泳池去学游泳。"沃夫克下定了决心。这么一想，他的心情似乎变得不那么紧张了。

可是他的历险并没有就此结束。他突然看到水面上游着一个动物，动物的脑袋上的一排触须掀起一排大浪。大浪向草墩涌过来。"饭桌"上爬出一只湿漉漉的……真真实实的美洲野兽！沃夫克一眼就认出，这是一只硕大的，比本地水老鼠大得多的美洲水老鼠——麝鼠（仓鼠科。栖居多水生植物的浅湖和河流地区，在泥岸旁筑巢。以水生植物为食，食物缺乏时也吃动物，原产北美洲）。

"真是一大新发现！"沃夫克想道，"在俄罗斯的大后方，在一个从来没有人繁殖它的湖上，居然遇到美洲的水老鼠。这事儿当地的老住户知不知道？"

这一新发现令沃夫克喜出望外，甚至完全忘了自己现在身处险境。他很快站了起来，向前迈开了步子——这一迈害得他跌了一跤，一只脚随之落入水中，水漫过了膝盖。

"啊呀，在漂浮的草墩上呢！"突然从小岛上传来了欢快的声音，"你倒是跑到哪里去了？也把我们给带上吧！向航海家致敬！

你这是从哪儿搞来这么一块漂浮的地？都带来什么样的动物？"

原来，沃夫克的这块绿色筏子慢慢地在沿小岛漂浮，绕过了那块伸出水面的小土墩，现在正从散落在湖岸上的这些钓鱼人跟前漂过。他们是瓦尼亚特卡、安德、雷和帕甫，米立在一旁。

沃夫克顿时摆脱了恐惧。他悄悄地把一只脚从水里抽了回来，双手叉起腰，来掩饰方才历险造成的恐惧，故意笑嘻嘻地回答：

"呵，眼红了不是！我发现的可不是普普通通的美洲，而是个漂浮的美洲！上面还有美洲的动物。你们瞧见了吗？"

麝鼠听到小伙子们最初的嚷嚷声，立刻从草墩上跳回水中，消失了。但钓鱼的人已经看到了这畜生。

小船就在那里停着。安德和雷跳了进去。船靠近漂浮的草墩，把沃夫克接上了船。好及时呀，因为刚刚沃夫克的双脚立在草墩上，陷得越来越深，眼看着就要把它踩破了。

这位"航海家"被人安全地送上了岸，而他那漂浮的美洲还是搁在湖岸边。乌云已经散去，狂暴的旋风也跟着离去了。湖面平静下来。少年哥伦布们仔仔细细地把漂浮的草墩观察了一番。游泳好手安德甚至脱掉衣服，一个猛子扎进水里，从水下察看起来。

很快，太阳又露出了笑容，大家心情又舒畅起来。这一天大家在岛上过得十分开心。漂浮美洲主要发现者立即被授予"老海狼"的荣誉称号。

姑娘们请拉甫为勇敢的"老海狼"赋诗，但遭到诗人的拒绝，他说：

"我不会写惊险题材的诗，关于漂浮的草墩倒有几行不押韵的、现成的诗：

> 风儿把草墩吹到了岸边，
> 这里待着一对苇莺，
> 想在树丛中编织自己的房子，
> 孵化出自己的孩子。
> 突然间
> 旋风袭来，刮走漂浮的草墩，

> 落到了湖中！不幸的苇莺
>
> 面临着苦日子：湖岸离得太远。
>
> 为了小雏鸟，众目睽睽下，
>
> 为了寻觅食物，不惜牺牲生命，
>
> 穿过宽阔的水面……"

　　临走前，小姑娘非要到"神秘乡"的角角落落走个遍才算尽兴，最后一次欣赏湖的美景，观赏一平如镜的湖面，向黑黝黝的森林和收割一空的田野鞠躬致敬，与亲爱的湍急小溪作别。

　　她们一而再，再而三地对村庄里的所有女友发誓，永远、永远不会忘记她们，经常、经常给她们写信——也获得对方同样的诺言。

　　在"热土地"上举办了一场多么精彩的小型舞会！这里的人管一个树荫下人脚踏出来的小广场叫"热土地"。在"热土地"，年轻人在村里老爷爷手风琴的伴奏下跳起了古老的舞蹈。老爷爷演奏的是华尔兹《在满洲里的山冈上》，跳的是"四步舞"和"睡觉去"舞，及古老的波利卡舞——塞尔别尔杨卡：

> 塞尔别尔杨卡，塞尔别尔杨卡，
>
> 时髦的塞尔别尔杨卡，
>
> 塞尔别尔杨卡，吃只土豆吧，
>
> 别饿着肚子走！

　　唱着，唱着，就跳了起来。

　　于是在场的人——不论是老头，还是老太婆，都禁不住跟着跳起来，甚至连顽固的小子布列季卡也参与进来。他也曾扭扭捏捏一番，说自己的一双脚不配对了：一只左，一只右。

　　临别时，大家唱起了诺夫哥罗德诙谐的歌谣，布列季卡还写了诗作别：

> 我们一下子就爱上
>
> 十个少年哥伦布，

来年夏天再来吧，
我们用大馅饼款待你们。

拉甫不愿欠情，立即赋诗作答：

记住，记住，永远记住，
通向你们的路永远不会忘记；
即使忘记了，也会想得起，
柳索法在东还是在西。

附录　答案

附录1 射靶答案：检查你的答案是否中靶

竞赛四

1. 从6月21日起。

2. 刺鱼。

3. 幼鼠。

4. 海鸥、生活在沙岸的鹬。

5. 接近沙和寒鸦的颜色。

6. 后腿。

7. 五根：三根在背上，二根在腹上。我们这儿还有长九根刺的刺鱼。

8. 家燕的窝向上开口，毛脚燕的窝在旁边开口。

9. 因为如果用手碰过鸟蛋了，鸟儿就会抛弃这个窝。

10. 有。

11. 翠鸟。

12. 因为这些鸟儿对自己的巢做了装饰，伪装成外表像它们借以筑巢的树上所附生的地衣。

13. 并非全都如此。许多种鸟儿（如苍头燕雀、红额金翅雀、柳莺）孵两次小鸟，有些鸟儿（如麻雀、黄鹂）孵三次。

14. 有。在我们长满苔藓的沼泽地有一种茅膏菜。茅膏菜捕捉并吃掉停在它有黏性的圆叶上的蚊子、蚊蚋和别的昆虫。在河流和湖泊里有一种狸藻，它捕捉钻进它的小泡中的水生小虾、昆虫和小鱼。

15. 银白色的水蜘蛛。

16. 杜鹃。

17. 乌云。

18. 割草机：草倒下了，草垛堆起来了。

19. 谷穗上的谷粒。

20. 青蛙。

21. 影子。

22. 母山羊。

23. 回声。

24. 刺猬。

竞赛五

1. 尚未破壳而出的小鸟在喙的上面有一个坚硬的点状突起物，小鸟凭借它来打破蛋壳。这个突起物称为"卵牙"。小鸟出壳后，这颗"卵牙"就脱落了。

2. 有尾巴的。因为奶牛在吃草时用尾巴来驱赶纠缠不休地叮咬它的昆虫。没有尾巴的奶牛没有东西来驱赶牛虻和苍蝇，吃得比较少，因为它只能不时地挥动脑袋，并来回走动。

3. 因为它的腿很容易折断，断腿离开身体时所做的动作就像割草一样。

4. 夏天，因为那时到处都有无助的雏鸟和幼兽。

5. 鸟类。

6. 许多昆虫。例如蝴蝶：卵，毛虫，从毛虫的蛹变成蝴蝶。

7. 鹅的羽毛表面覆盖着一层脂肪，所以不会被水浸湿，水珠会从上面滚落。

8. 因为狗不像马，它没有汗腺。它伸出舌头用以散发表面的热量。

9. 杜鹃的幼雏。杜鹃把蛋和自己的幼雏交给别的鸟儿喂养。

10. 蚁䴕鸟。

11. 年轻的白嘴鸦的嘴巴是黑色的，和乌鸦一样，老白嘴鸦的嘴巴是暗白色。

12. 刺鱼。

13. 蜜蜂蜇过别的动物后自己会死去。

14. 母乳。

15. 向阳，也就是朝向南方。

16. 打雷和闪电。

17. 因为早上有露水点缀在碧草上，呈现出天蓝色，下午露水被蒸发掉，就呈现出一片绿色。

18. 变形牛肝菌。

19. 野蔷薇的浆果。

20. 蝰蛇。

21. 露水。

22. 蚂蚁。

23. 蜗牛。

24. 野蔷薇，玫瑰。

竞赛六

1. 和它排开的水等重。

2. 十字圆蛛埋伏时一个爪子抓着绷紧的蛛丝，蛛丝的另一头连着蛛网。苍蝇落到蛛网上后，震动了蛛网，蛛丝就牵动蜘蛛的腿，使它知道猎物落网了。

3. 蝙蝠。还有鼯鼠〔生活在我国（苏联）森林中的一种体侧肢间有皮膜的鼠〕，飞行距离有几十米。

4. 成群结队地聚集起来，向猫头鹰叫喊、冲扑，直至把它赶走。

5. 虾。

6. 在阳光晴好的白昼。风将蜘蛛和蛛丝一起吹起来，带着它们在空中飞。

7. 蜉蝣。

8. 燕子在飞行中捕食蚊蚋、蚊子和别的会飞的昆虫。在晴朗的日子，空气干燥，这些昆虫飞到离地面很高的地方。在潮湿的天气，空气比较重，饱含水汽，昆虫不能飞得高。

9. 预感到要下雨时，母鸡就用尾脂腺分泌的脂肪擦羽毛。这个腺体位于尾部上方的羽毛旁边。

10. 下雨前，蚂蚁躲进蚁穴并堵住通往里面的入口。

11. 各种会飞的昆虫——苍蝇、蜉蝣、水蛾。

12. 熊。

13. 在泥泞中、水藻里或河流、湖泊和池塘的岸边，常常有许多鸟儿飞到这里，它们都会留下清晰的脚印。

14. 头顶颜色黑里带红。

15. 菌类植物马勃的孢子。成熟的马勃稍稍一碰就会开裂，从中会释放出烟雾状粉尘（"魔鬼烟"），即孢子粉。

16. 谷物的穗：院子里堆的是秸秆，餐桌上放的是面包，地里留下的是禾茬儿。

17. 大麻：皮用来搓绳，芯子丢弃，从头上打下的种子可以榨大麻油。

18. 虾。

19. 禾捆。

20. 回声。

21. 山杨。

22. 荨麻。

23. 矢车菊。

24. 青蛙。

附录2　公告：“火眼金睛”称号竞赛答案

测试三

图1　啄木鸟的树洞。树洞下方地面上有整整一堆再新鲜不过的木屑。这是啄木鸟用喙为自己在树内凿住所时啄出来的。树干干干净净，没有一处弄脏。啄木鸟是非常爱清洁的鸟儿，它为自己的小鸟收拾干净。

椋鸟在其中孵育出小鸟的树洞。树下地面上没有新鲜木屑，树干上刷满了石灰浆。

图2　鼹鼠。地下居民鼹鼠在夏季时经常接近地面，并用土堆起一个疏松的小土丘，但自己不暴露在外。

图3　灰沙燕。它们在沙质陡岸上挖出一个个小洞作为巢穴。许多人以为这是雨燕的巢，但是雨燕从来不在这样的洞里巢居，它们的巢筑在阁楼间、钟楼上、很高的树木上的树洞里、岩石山崖上和椋鸟窝里。

图4　松鼠窝。它由树枝筑成，圆形，里面有苔藓露出来——这是睡觉的床垫。从这堆苔藓立即可以认出这不是鸟巢。

图5　獾所挖的洞穴，但居住在里面的是狐狸。一看便知这是善于挖洞的动物的作品：有几个出入口，而且没有一个坍塌。但是洞口有鸡、黑琴鸡的毛和骨头，啃过的兔子脊梁骨，是十分凶暴又不大爱清洁的野兽的食余物，当然是狐狸的杰作了。

图6　也是獾所挖的洞穴，它至今还住着。獾是很爱清洁的野兽：在它居住的地方找不到任何吃剩的废弃物。而且它吃得较多的是软体动物、青蛙和树根。

测试四

图 1　凤头䴙䴘的幼雏。

图 2　雌黑琴鸡。

图 3　野鸭的幼雏。

图 4　黑琴鸡的幼雏。

图 5　公红脚隼。

图 6　苍头燕雀的幼雏。

图 7　公苍头燕雀。

图 8　红脚隼的幼雏。

图 9　公野鸭。

图 10　雌凤头䴙䴘。

检查一下你是否正确地把小鸟和它们的父母放在一起了：

黑琴鸡爸爸　图 4　图 2

图 9　图 3　野鸭妈妈

图 7　图 6　苍头燕雀妈妈

图 5　图 8　红脚隼妈妈

凤头䴙䴘爸爸　图 1　图 10

如果你正确地把小鸟和父母放在一起了（就如这里标示的那样），那么每一只无家可归的小鸟左边就有了爸爸，右边就有了妈妈。

测试五

图 1 和图 2　灰沙燕和雨燕。雨燕个头儿比我们这里所有的燕子都大，它有很长的翅膀——像镰刀。

图 3 和图 4　毛脚燕和家燕（尾部羽毛弯曲）。

图 5　飞行中的小红隼的影子。

图 6　飞行中的鹞鹰的影子。

图 7　飞行中的鸢的影子。

图8　飞行中的黑鸢的影子。

图9　飞行中的鹗（鱼鹰）的影子。

图10　飞行中的雕的影子。

把这些图影临摹到自己的练习本内，记住它。

注意：隼的翅膀是尖的，呈镰刀形；鹞鹰的翅膀由里向外弯；鸳的尾巴末端是圆的，而鸢的尾巴有三角形的开口；鱼鹰的翅膀有棱角，尾巴是直的，像被砍过似的；雕的翅膀大而宽，末端有参开的羽毛。

附录3 基塔·维里坎诺夫讲的故事答案

钓鱼人的故事

雨燕不在悬崖上居住，它是居住在岸边的鸟类，是岸边生活的燕子，完全是另一种鸟。雨燕在高大楼宇的屋檐下，在钟楼和教堂顶上筑巢，在山里它把巢筑在山岩上，但从不在沙质的悬崖峭壁上筑巢。这一点也占两分。

在克雷洛夫老爷爷那个时代，有些州（或按当时的说法叫"省"）人们称为"蜻蜓"的其实是螽斯（飞蝗、蝈蝈），也就是叫"弹唱虫"或"蜻蜓"。钓鱼人原来并没有理解克雷洛夫这个寓言，因为他以为蚂蚁和小小的绿色蜻蜓在说话。蚂蚁不是指责"蜻蜓"唱了一整个夏天的歌吗：

> 你还在唱？
> 把这当本行？
> 那你去跳舞跳个畅！

"唱"（也就是"弹响"）的是螽斯。蜻蜓是不做这件事的。也就是说蚂蚁是在和螽斯说话。这一点也占两分。

鸥鸟停在树墩上。您以为不对？怎么会不对呢！这事有点儿奥妙：鸥鸟不仅趴在树墩上，还把窝做在那里，在上面生蛋。之所以这样，是因为鸥鸟一直巢居的低低的湖岸这年春季被涨起来的湖水淹没了，只有一个个树墩的上端露出水面。可是鸥鸟却已经到了筑巢的时节。无奈之下，它们只好把草拖来搁到树墩上——这样做的是鱼鸥。它们把草弄来为自己做窝，在这些树墩上孵卵。不久水退了，鸥鸟去哪儿安身呢？它们停在树墩上，用诧异的目光望着下面：我们这些鸥鸟姊妹怎么爬到了这么高的地方？这点也占两分。

说到"维多利亚"麝香草莓，那是犯了一个很丢脸的错误。麝香草莓没有那样的浆果品种。这是我们城里人搞糊涂了，不知为什么把所有果园产的草莓都叫成了"麝香草莓"。麝香草莓完全是另一种浆果，根本不长在咱们北方的林子里。它的样子不一样——颜色是淡白的，味道和香味也不一样。我们果园里由森林草莓培育的品种有"维多利亚"草莓、菠萝草莓、"美女扎戈利娅"草莓和其他品种，谁也没有任何权利把它们称为"麝香草莓"。谁知道这一点，谁就记两分。

钓鱼人把三种岸边植物混淆了：蔍草、芦苇和香蒲。蔍草没有叶子，内部像海绵那样松软，植株柔软。芦苇坚硬，有节，叶子尖，用它制作芦笛很容易，因为它是空心的。还有香蒲，它也坚硬，有叶子，但是主秆的顶部有一个大大的棕色球状物。能区分这三种水生植物的也得两分。

至于说到河狸吃蚯蚓，那就荒唐而又可笑了，这是彻头彻尾的错误！

众所周知，河狸是啮齿类动物，任何蚯蚓对它都没有诱惑力，即使你在上面涂满了蜜也没用！

但是假如有人说，首先，河狸不吃蚯蚓，其次列宁格勒州已经有500多年没有见到过河狸了，那得给他记1分。因为尽管以前没有，可是现在有了：不久前我们这儿把它们繁殖起来了。这一点应当知道。

说鱼儿一旦从钓钩上逃脱，就会把消息在其他所有的鱼儿中间传播，使它们不向钓竿靠近，对此甚至懒得评说，简直令人恶心。谁听信这种幼稚的故事，谁就应当感到害臊！这点也占两分。

发生在浅褐色小鸟身上的奇迹，用两句话是解释不了的。事情的原委是这样的：钓鱼人在那个湖的岸边钓鱼，那是少年自然界研究小组在那个夏天以"哥伦布俱乐部"这个诱人的名义从事工作和进行实验的地方。少年自然界研究小组的成员小心翼翼地把一些鸟类的蛋转移到另一些鸟类的窝里。他们一直这么认为：不同的鸟类对待别的鸟生的蛋，态度是各不相同的。有一些接纳它们，虽然蛋的颜色完全不同，有的却把它们扔出自己的窝外。

其貌不扬的浅褐色小鸟是很漂亮的一种朱雀的雌鸟，这种鸟儿头上戴着深灰兼红色的小帽子，胸脯是红的。雀科中有一种鸟儿，在它清脆悦耳的啼啭中，大家都清晰地听到它这样在问："见到尼基塔了吗？"它正是这种鸟。少年自然界研究者管它叫"红色金丝雀"。

这只鸟原来是位极富爱心和令人感动地忠于职守的母亲，因为它接纳了各种颜色的鸟蛋，而且忘我地护卫一切小鸟，不论自家的还是别家的。

钓鱼人偶然间走近的，正是少年哥伦布们在上面做实验的红色金丝雀的窝。两只小鸟见到人已习以为常，所以根本不再怕人。因为它们相信谁也不会碰它们。那只还在孵蛋的小鸟连窝也不离开，只要你不用手指去"要求它离开"。这点也占两分。

那只已经孵出幼雏的鸟儿还勇敢地迎着人飞过去，试图去揪他们的手。这点也占两分。

要是不知道我们少年哥伦布的事，你无论如何也不会相信这一点，是吗？

再说杜鹃，钓鱼人完全在信口雌黄。这可是雄杜鹃在扯大了嗓门叫："咕——咕！咕——咕！"它是为了告诉雌鸟："我在这儿呢！我在这儿呢！"对它的叫声为什么要淌眼泪？而且雌鸟没什么可心疼的，反正它自己就是那样的无耻之徒，像哥伦布俱乐部的少年自然界研究者做的那样，把自己的蛋往别家窝里扔，然后大笑一场。它的叫声很像放肆的细细笑声，是这样："嘻——嘻——嘻——嘻——嘻——嘻——嘻——嘻——嘻！"钓鱼人并不知道它怎么叫。这点占两分。

积累与运用

⋮ 相关名言链接

大自然从来不欺骗我们，欺骗我们的永远是我们自己。

——卢梭

我们往往只欣赏自然，很少考虑与自然共生存。

——王尔德

这个世界不是缺少美，而是缺少发现美的眼睛。

——罗丹

观察，观察，再观察。

——巴甫洛夫

人们常觉得准备的阶段是在浪费时间，只有当真正的机会来临，而自己没有能力把握的时候，才能觉悟自己平时没有准备才是浪费了时间。

——罗曼·罗兰

我思故我在。

——笛卡儿

学而不思则罔，思而不学则殆。

——《论语》

⁞ 相关好书推荐

◎《昆虫记》

《森林报》中提到了好多昆虫，你知道闻名世界的《昆虫记》吗？《昆虫记》是法布尔以无比的热情、追求真理的精神，倾其一生心血写成的科学著作，法布尔被誉为"昆虫界的荷马"。

法布尔用积攒下的钱购得一座老旧民宅，他给这处居所取了个雅号——荒石园。年复一年，法布尔用尖镐、平铲刨刨挖挖，一座百虫乐园建成了。他把劳动成果写进一卷又一卷的《昆虫记》中。在他的笔下，昆虫世界是如此千奇百怪、生机盎然，小小的昆虫恪守着自然规则，为了生存和繁衍进行着不懈的努力。织网的天才（蜘蛛）、大自然的歌唱家（蟋蟀）、自食其力的勤奋者（蝉）、热爱集体的奉献者（松毛虫）等，都被赋予了人的思想和情感……

◎《我的野生动物朋友》

你羡慕《森林报》中的少年哥伦布们吗？想和他们一样近距离接触大自然吗？有一位从小和动物们一起长大的小女孩蒂皮，她用自己的亲身经历写出了这本书——《我的野生动物朋友》。与《森林报》不同的是，书中的插画等都是蒂皮的父母抓取的有爱的瞬间：她坐在鸵鸟背上玩耍，亲大象的鼻子，和猎豹一起散步，跟着狒狒爬树……字里行间可以感受到蒂皮和每一个野生动物的真实友情，其实野生动物也有温驯和灵性的一面。蒂皮会用眼睛和动物交流，会和动物说话……一位美洲的印第安酋长说：让人成为动物吧！也许以后的某一天，在动物身上发生过的所有的事，也会在人身上发生。但无论发生什么，我们都是地球的孩子。

◎《西顿野生动物故事集》

《森林报》讲了很多有关动物的有趣故事，在这些动物身上我们看到了很多人性化的品质。这里还有一本讲述野生动物故事的书——《西顿野生动物故事集》，由欧·汤·西顿所写。与《森林报》不同的是，西顿在《西顿野生动物故事集》中描写的都是野生动物原本的个性。此外，西顿还对动物本身的心理状态进行了细致的描写，表现的都是动物最基本的感情，比如寂寞、恼怒、痛苦等，没有将动物的情感人性化。但是，这也成了这本书最突出的特点。

◎《动物集》

《森林报》在对动植物进行描述时主要采用了拟人的修辞手法。这里还有一本有关动物的书——《动物集》，是由胡安·何塞·阿雷奥拉所写，主要采用的是比喻的修辞手法。《动物集》是一部有趣的微型小说集。在书中，阿雷奥拉用独具魅力的语言描绘了23种动物。尽管篇幅较短，但阿雷奥拉用精准的文字表达出了丰富的情感。

动物档案

◎动物一

名字：黑琴鸡

俗称：乌鸡

习性：群居鸟类、适应能力强

形象：沉着、冷静

相关故事情节再现：鸢看中了一只雌黑琴鸡和整整一窝毛茸茸的浅黄色的小黑琴鸡，抓捕的一瞬间所有的雏鸡都不见了，原来是雌黑琴鸡告诉小雏鸡们赶紧趴下，用自己的保护色来躲避敌害。

◎动物二

名字：鹡鸰

俗称：张飞鸟

习性：栖息在水边

形象：勤劳、善良

相关故事情节再现：善良的鹪鹩夫妇把被抛弃的小杜鹃养大，小杜鹃不知感激还贪得无厌地想要霸占鹪鹩夫妇全部的关爱，于是它害死了鹪鹩的幼雏。但鹪鹩夫妇依然很善良地继续喂养小杜鹃，一直到小杜鹃长大飞走。

◎**动物三**
名字：刺猬
俗称：刺团
习性：生活在灌木丛中，有冬眠习性
形象：勇敢
相关故事情节再现：刺猬虽小，却有着超乎常人的勇气。在蝰蛇要袭击玛莎时，小小的刺猬没有独自逃走，而是勇敢地与蝰蛇对抗，救了玛莎一命。

◎**动物四**
名字：蜉蝣
俗称：一日飞蛾
习性：幼虫生活在淡水水底，成虫后寿命短
形象：坚持
相关故事情节再现：幼虫从蜉蝣的卵里爬出，在混浊的湖底深处度过1000个日日夜夜，才变成长翅膀的快乐蜉蝣，只有一天供它们在空中享受生命，尽情舞蹈。

◎**动物五**
名字：野鸭
俗称：凫
习性：善游泳
形象：团结
相关故事情节再现：有一只野鸭患了白化病，失去天然的保护色后经常成为猎人的捕猎对象。但鸭群的其他小伙伴没有抛弃它，反而团结一心帮助它、保护它不受猎人伤害。

◎动物六

名字：刺鱼

习性：体形小，筑巢精致

形象：勤劳

相关故事情节再现：勤劳的刺鱼为了更好地哺育后代，建造了既结实又精致的窝，所以刺鱼也被称为"筑巢最精致的鱼"。

▋读后感例文

《森林报·夏》读后感

佚 名

暑假里，我把《森林报·夏》读完了，这本书令我着迷。从这本书当中，我学到了很多课本上没有的知识。

我知道了，鸟儿是怎样做巢的。作者的观察是那样的细致入微，在作者的描绘中，我的眼前仿佛出现了各种各样的鸟巢。

我知道了，在夏天，遥远的北极一天24小时都是白天。后来，我去翻阅资料，知道了这是极昼现象。冬天的时候，北极还会出现极夜现象。

我还知道了，捉虾的最好时机，捕鱼的快捷方法，谁是森林中的夜行大盗，蜘蛛也会飞的秘密，等等。

书中也展示了很多故事：一只小猫把一只小兔子养大了，然后那只兔子竟然学会了跟狗打架；猎人在一只熊的耳边放了一枪，熊就被吓死了；一只杜鹃的雏鸟把鹡鸰的雏鸟都赶出窝摔死了，而鹡鸰夫妻俩却把小杜鹃养大了。动人的故事、悲惨的故事，太多太多了，说也说不完……

这本书把我带进一个神奇的世界，让我看到了丰富的大自然，见识了奇迹般生存着的花鸟虫兽，它们生生不息，鼓励着我去探索更多的奥秘！

同时，我也要做一名绿色小使者，把动植物当成自己的朋友。呼吁大家一起来保护环境，保卫我们的家园，让我们的世界更加美丽！

阅读思考记录表——科普类

评价你阅读的书籍，锻炼表达、归纳、总结、理解能力

书名	作者	阅读日期

感兴趣的月份	感兴趣的动物（植物）有哪些特点

用四个词语描述这个月份

这种动物（植物）有哪些益处或害处

简述本书令你印象深刻的故事	学到了哪些有趣的知识	生活中观察到的现象	想更加了解的知识

生活中，你最喜欢什么动物（植物），请描述一下它

秋天的森林又会发生怎样的事情呢？尝试着写一下吧

中小学生阅读指导丛书

彩插励志版